世界の駄っ作機 4

IN Famous Airplanes of The World IV. ver B.Mk.IV

◆開発の難航にアタマを痛めるイギリス空軍担当官……………………………(想像図)

岡部ださく

Written by Dasaku OKABE

大日本絵画

グロスター「――美しい五体の均整などあったものか、寸足らずに切詰められ、ぶざまな半出来のまま、この世に放りだされたというわけだ。」

――シェイクスピア『リチャード三世』Ⅰ幕1場（福田恒存訳）

「次が最高、っていうのは誰もが知ってる。でも、もし次が無かったらどうしたらいい？」

――ロキシー・ミュージック『リメイク／リモデル』

序

はみ出した落書き

――小沢さとる

実は、この序文執筆の依頼を受けてボクはドキッとした。『世界の駄っ作機』の序文と聞かされて「エッ、ボクでいいのかな？」と即座に思ったものだが、それがドキッの因《もと》ではない。

さて奇妙なことを言うようだが、ボクにとって岡部いさく（ださく）氏は「岡部ちゃん」なのだ。実に失敬なことだとは思う。しかしながら直にお会いする機会は滅多に無いのに、何年かぶりにその折りに触れるとつい岡部ちゃんと呼び掛けたくなる。TVの画像にいさく氏の姿を見付けると、あゝ岡部ちゃんが出ていると嬉しくなるし、氏の著書が出る毎にまた岡部ちゃんの本が出たとニンマリする。ハテ、何故そうなるのかと訝る向きもあるだろうが、理由は遥か半世紀を遡った彼方にある。

今はさいたま市だが、当時の浦和市の与野に通じる旧道沿いに漫画家の家として知られた岡部家はあった。いさく氏の尊父、岡部冬彦さんは『アッちゃん』、『ベビーギャング』の連載漫画などで親しまれていたから、高校生だったボクら道草仲間の間では〝アッちゃんの家〟で通っていた。家の裏に路地を見下ろして建つその家はイタズラ描きに塗られていて、家の中も外もメッタヤタラに野放図な落書きに埋め尽くされて、そのまま増殖したかのように旧道のヒビ割れたアスファルトの上にまで落書きは進出していた。

時折オカッパ頭のコマッチャクレた女の子が一人、路上にシャガミ込んでせっせとロウセキやハクボクを地面に走らせていたのだが、今にして思えば漫画家のおかべりかさんがそこですでに才能を発揮していたことになる。そしてである。その頃の岡部家にはもう一人、旧道に面した部屋の布団の上に男の子の証を晒して手足をバタつかせている乳呑み児がいた。それがいさく氏だ。道草仲間と自転車にまたがったまま苦も無く覗き見た岡部家の情景には、たぶん冬彦氏が培ったのだろう、実に大らかで闊達な家風が見て取れた。そんな家族の下《もと》でヌクヌクと慈しまれて育ったであろういさく氏の人となりは、氏の描くヒコーキにも存分に刷り込まれていて人の気持ちをユルくしてくれる温もった素養にあふれているから、折りに触れて嬉しくなる。そんな経緯があって、ボクにとってはいさくさんでもいさく氏でもなく、勝手に「岡部ちゃん」なのだ。

その後、いさく坊やの下に妹さんも生まれたようだが、それがイラストレーターの水玉螢之丞さんなのだろう。チマチマと小さな文字で綴られた丹念な文面となんとも言えない優しさの窺えるタドタドしい707の絵入りのレターが届いたのは、ボクがまさかの漫画を描いて業とするようになって10年目のことだった。差し出された住所と岡部いさくの名に触れて、トッサにあのオチンチン坊やだと思い当たって、それはなんとも懐かしくて嬉しかった。以来、絵入りのはがきや封書が思い出したかのように何年かおきにポソッと届くのだが、それは岡部ちゃんが『シーパワー』の編集長の時代になってもポソッとやってきた。そればかりか、いさく氏の入念な著書が上梓されるたびに贈呈本として届けられてきた。その数もたいそうな数にのぼっていて、それらの著書は今もボクの机の上から一番近い書棚にいつでも手の届くところに鎮座していて、貴重な資料として活用もしている。殊に『世界の駄っ作機』については自作の専用ラックに収めていつも机上に置いてあって、ボクが手を伸ばすのを3冊が肩を寄せ合って立ち待ちしている。

机上の作業にダレた時にボクは、手を伸ばして無造作に開いた頁から黙読して、ニンマリしながらユルイ一刻を過ごすとまた筆を持つ意欲に促され、栞も入れずにページを閉じる。この摘み読みがなんとも心地のいい本なのだ。ボクはスルメイカの味のする本だと思っている。

いさくさんの描くヒコーキはよく飛ぶ
駄っ作機の一機一機がどれも
安定よくどこまでも飛んでいく。
紙の上でヒコーキを飛ばしたら
ボクは到底敵わない。
仕方ないからここではボクの駄っ作機、
ロボダッチのヒコーキロボを
描いておくことにする。
13

よくもまあ集めたものだ。１００機にも及ぶ駄っ作機があったことも驚きだが、いったいどうやって掘り当てたものなのか。いくら考えてもボクには到底やれることではない。ひょっとしてこの本は岡部家のあの落書きの続編かなと思ってみたりする。あれから岡部ちゃんもあの落書きに加わっていた、そんな確信が湧いてくる『世界の駄っ作機』ではある。
そしていさく氏からの贈呈本にもぽつりぽつりとやって来たレターにも、ボクは未だに返礼も返書も返事もしたためてこなかったことにガク然と思い当たって、ドキッとしたのであった。ゴメンナサイ……岡部いさく様。

小沢さとる●おざわさとる
１９３６年生まれ。埼玉県川口市出身。漫画家。'56年に『ルミ死なないで』で漫画家デビュー（小沢あきら名義）。『サブマリン７０７』（'63年）、『青の６号』（'66年）などの本格海洋ＳＦ漫画が大ヒット。『ジャイアントロボ』（'67年。横山光輝と共作）や'75年に今井科学（イマイ）から発売されたプラモデル、『ロボダッチ』シリーズの原作／キャラクターデザインを手がけたことでも知られる。

目次 CONTENTS

File No. 1

型破り、やぶけたまんま

カーチスXP-55アセンダー

Curtiss XP-55 Ascender

全幅：13.4m
全長：9.0m
全高：3.0m
自重：2,882kg
総重量：3,325kg
エンジン：アリソンV-1710-95
液冷V型12気筒（1,275hp）×1基
最大速度：628km /h
航続距離：1,022km
実用上昇限度：10,546m
武装：12.7mm機関銃×4門
乗員：1名
（性能は推定）

なんか最初の意気込みじゃすごそうなエンジンがつくはずだったのに、出来上がったときには、ありきたりのアリソンV-1710になってんの。まあ、P&W X-1800っていう変物エンジンの開発がうまくいかなかったのがいけないんだけどさ。

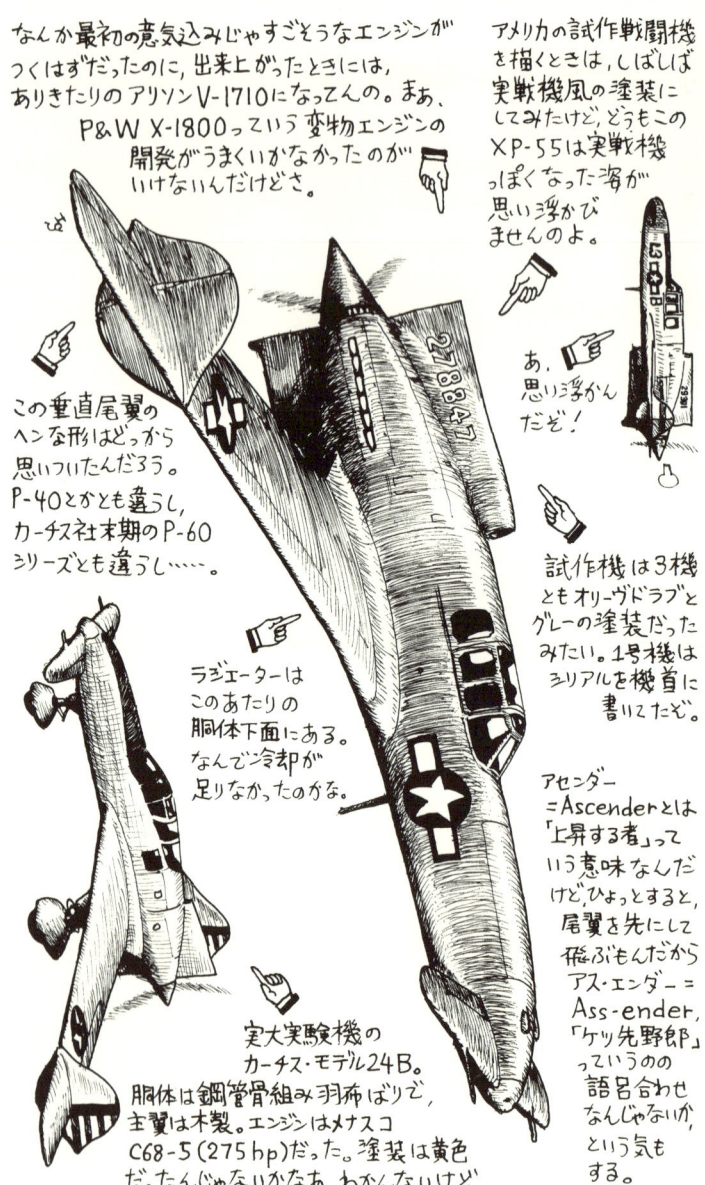

アメリカの試作戦闘機を描くときは、しばしば実戦機風の塗装にしてみたけど、どうもこのXP-55は実戦機っぽくなった姿が思い浮かびませんのよ。

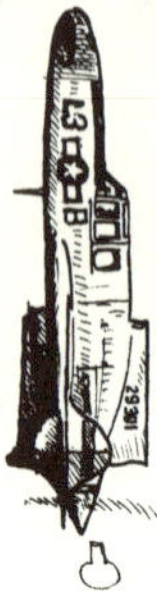

あ、思い浮かんだぞ！

この垂直尾翼のヘンな形はどっから思いついたんだろう。P-40とかとも違うし、カーチス社末期のP-60シリーズとも違うし……。

試作機は3機ともオリーヴドラブとグレーの塗装だったみたい。1号機はシリアルを機首に書いてたぞ。

ラジエーターはこのあたりの胴体下面にある。なんで冷却が足りなかったのかな。

アセンダー＝Ascenderとは「上昇する者」っていう意味なんだけど、ひょっとすると、尾翼を先にして飛ぶもんだからアス・エンダー＝Ass-ender、「ケツ先野郎」っていうのの語呂合わせなんじゃないか、という気もする。

実大実験機のカーチス・モデル24B。胴体は鋼管骨組み羽布ばりで、主翼は木製。エンジンはメナスコC68-5(275hp)だった。塗装は黄色だったんじゃないかなあ。わかんないけど。

ヨーロッパで第2次世界大戦が始まって、メッサーシュミットＢｆ１０９がポーランドのＰＺＬ−９とかＰＺＬ−11とかを蹴散らかしてから間もない、１９３９年の11月。大西洋の向こうのアメリカじゃ、それまでの型を破った新しい配置の戦闘機の仕様Ｒ−40Ｃが陸軍からメーカー各社に出された。ちょうどＰ−38ライトニングの量産発注が始まって、Ｐ−47の初期案軽戦闘機の試作発注が出た頃のことだ。

Ｒ−40Ｃの戦闘機仕様が求めたのは、少ない空気抵抗と強力な武装、良好な視界。素直に考えりゃエンジンが前に付いてる普通の配置の機体じゃご期待に応えられそうもない。なんか突飛なことをやらなきゃならなかったわけだ。

これに応えて設計案を提出したのはヴァルティー社とカーチス社、それにノースロップ社だった。ヴァルティーもノースロップも、この頃のアメリカ航空工業界じゃ小さな会社だったから、一発狙いでこの戦闘機計画に応募したのかもしれない。でもカーチス社は最大手の一つなのに、なんでかこの突飛な戦闘機の開発に手を出した。本当を言うとカーチス社はそれより普通の戦闘機をちゃんと開発しとく方が良かったんだけどなあ。結果論だけど。

そのカーチスが考えた突飛戦闘機、モデル24は先尾翼機で、３社の案の中で2位に選ばれてＸＰ−55として開発契約をもらった。ちなみに1位はヴァルティー社の双胴推進式のＸＰ−54だった。エンジンは当初プラット＆ホイットニーの液冷Ｘ型24気筒のＸ−１８００を装備する予定だった。カーチス社もさすがにこんな新配置の機体がどんな飛び方をするか心許なかったらしくて、本物を作る前に実大の実験機モデル24Ｂを作って、

1941年12月から1942年7月までミュロック乾湖でテストしてみた。そのテストじゃ方向安定が悪いのが見つかって、胴体尾部に垂直安定板を追加したり、改善策が施されたんだけど、どうもカーチス社の先尾翼配置の問題は、そんな小細工でどうにかなるようなもんじゃなかった。実はそれより大変な問題があるのが後でわかってくるのだった。

で、1942年の7月、本物のXP―55試作戦闘機3機が発注される。エンジンを普通の液冷V型12気筒アリソンV―1710に換えたり、武装を12・7㎜機銃4門にしたりと、開発作業はじわじわと進められていった。もうアメリカも戦争中で、カーチス社はP―40戦闘機の生産や、C―46輸送機とか海軍のSB2C急降下爆撃機とか開発計画もたくさん抱えてたから、XP―55の方に十分手が回ったんだろうか。

そんなこんなで開発にはずいぶん時間がかかって、XP―55の試作1号機（42―8845）は1943年7月になって、やっと初飛行した。計画開始から4年8ヵ月もたった後のことだ。

早速テストに入ると、今度は縦方向の操縦性が悪くてなかなか離陸しないという欠点が出た。そこで先尾翼の昇降舵を拡大したり、補助翼のトリムとフラップを連動させたり改良したものの、試作1号機は11月に墜落してしまった。失速特性のテストをしたら、機体が裏返しになって垂直降下に入っちゃった。おまけにエンジンまで故障して回復のしようもなかったのだ。

失速したら最期、ひっくり返って落ちるばかりという特性をなんとかするには、どうやら主翼の端を延長して、昇降舵の可動範囲を広げるといいみたいだぞ、というのが後になってわかった。その改良は3号機（42―

８８４７）から採り入れることにして、それまでは失速テストは確実に安全な範囲にとどめとくことになった。

ＸＰ−55の３号機が飛んだのは、もう戦争もだいぶ先が見えてきた１９４４年４月のこと。さすがに改良の霊験あらたかで、ヤバい失速はしなくなったんだけど、今度は事前の警告になるような挙動が一切無いまま失速が始まるクセが現れた。普通の飛行機だと、しばしば失速に陥る前に、主翼から剥がれた気流が尾翼を叩いて、振動が起きるんで、失速が近いのがわかるんだが、ＸＰ−55の配置じゃそうはいかなかったのだ。しかも失速してから水平飛行に戻るまでに失う高度も大きすぎた。

ＸＰ−55の２号機は失速警報装置が付けられたり３号機と同じように改修されて、１９４４年９月から陸軍でのテストを受けた。軍のテストじゃ操縦性は水平飛行と上昇中は一応なんとか普通、でも低速時や着陸時には昇降舵の手応えがあやふやで、失速の予兆もヘンだし高度損失も相変わらず大きすぎた。おまけにエンジンの冷却が全飛行領域で足りなくて、オーバーヒート寸前、と欠点がたくさん指摘された。

テストでＸＰ−55が記録した速度は６０８km／ｈがせいぜい。１９４４年の後半っていえば、もうアメリカ陸軍じゃＰ−47やＰ−51が飛び回って、ジェット戦闘機のロッキードＰ−80だってテスト中の頃だ。そこにこの性能で、飛行特性も怪しいんだから、突飛戦闘機の出る幕はない。ＸＰ−55は開発中止になった。

ＸＰ−55はヘンな配置で失敗したんだけど、カーチス社は普通の配置のＸＰ−46やＸＰ−62でも失敗してるから、ひょっとすると開発がまずかったのかもしれない。あるいはメーカーもアメリカ陸軍も、実は最初からこんな突飛な機体はどーでも良かったりしてな。

イラストで見る航空用語の基礎知識 basic knowledge ☞ 失速

飛行機ってもんは、飛んでないと落っこちる……いや、あの、つまり速度がなくなったり、迎え角が大きくなりすぎたりして、主翼の表面に空気がくっついて流れなくなると、飛んでられないのでした。

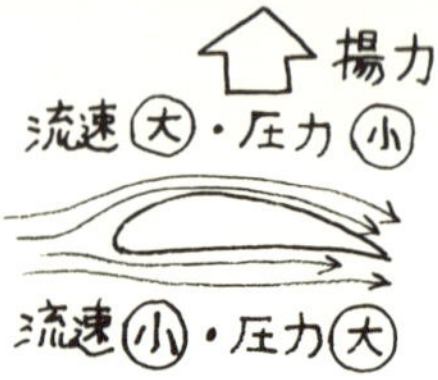

ご存知のとおり、飛行機の翼に沿って空気が流れると、翼上面の空気の流れの方が下面より速くなって、圧力が小さくなって、上向きの力＝揚力ができるんで、飛ぶわけだ。

ところが迎え角が大きくなりすぎると、上面の気流がはがれて、大事な揚力がなくなっちゃう。これがすなわち「失速」であります。

気流がはがれて
ウズができる。

迎え角が大きくなって失速して、高度を失っていっても、そのまま機首が下がって速度が増していけば、また揚力が発生してくれる。失速からの「回復」だ。

失速すると、場合によっちゃスピン（きりもみ）に入ったり、ヘタをするとフラットスピン（水平きりもみ）に陥って回復できなくなったりもするから危ないのだ。

グラマンF8F ベアキャットだけど、別にこの飛行機の失速特性に問題があったわけじゃないよ。

File No. 2

会社も消えてなくなりました

ブリュースター XA-32

Brewster XA-32

重量約：6,120kg
エンジン：プラット&ホイットニー R-2800-37
空冷星型18気筒(2,100hp)×1基
最大速度：500km/h
巡航速度：315km/h
航続距離(戦闘装備)：800km
武装：12.7mm機関銃×4門
455kg爆弾×3発
乗員：1名

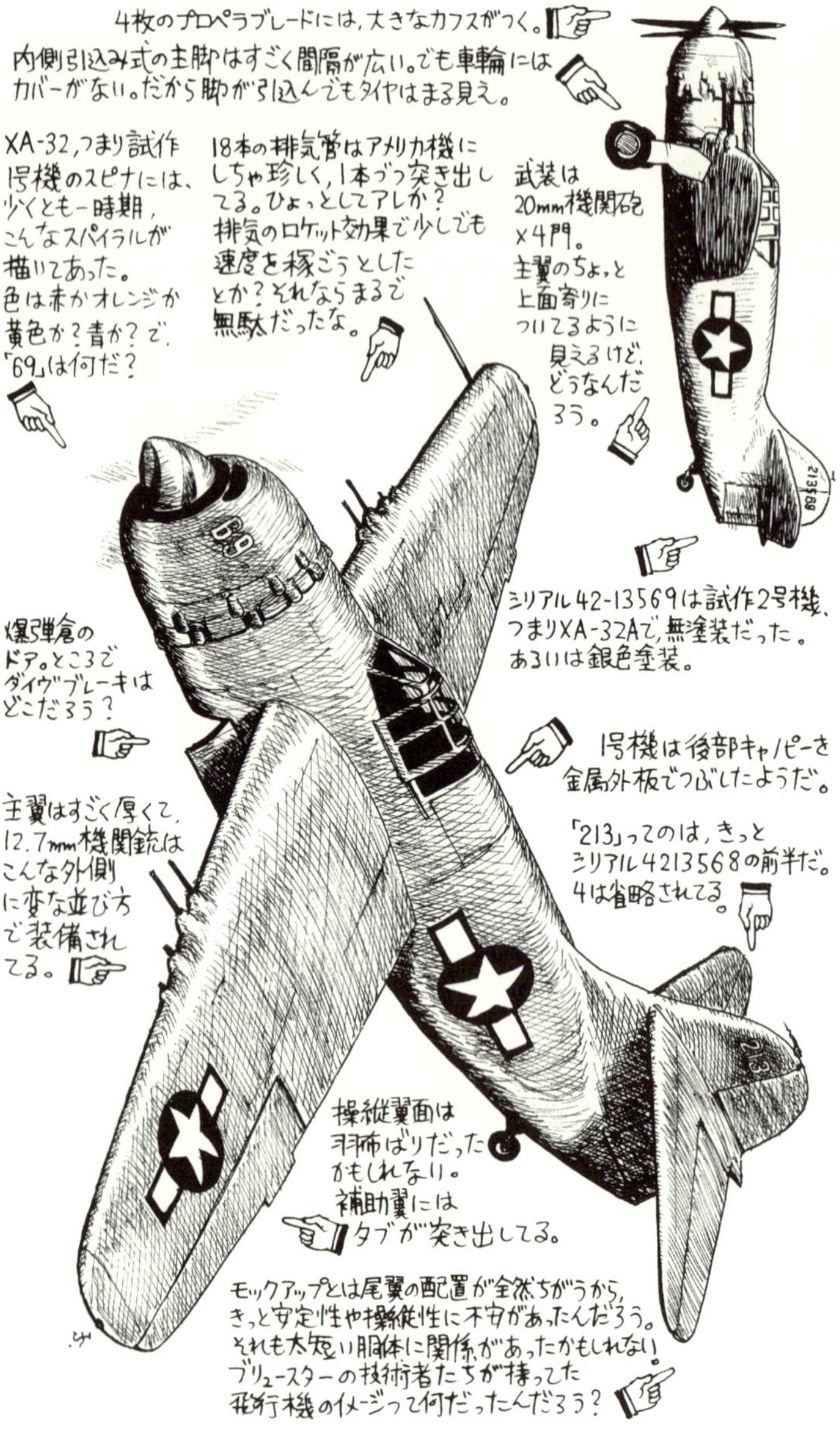
4枚のプロペラブレードには、大きなカフスがつく。

内側引込み式の主脚はすごく間隔が広い。でも車輪には
カバーがない。だから脚が引込んでもタイヤはまる見え。

XA-32、つまり試作1号機のスピナには、少くとも一時期、こんなスパイラルが描いてあった。色は赤かオレンジか黄色か？青か？で、「69」は何だ？

18本の排気管はアメリカ機にしちゃ珍しく、1本づつ突き出してる。ひょっとしてアレか？排気のロケット効果で少しでも速度を稼ごうとしたとか？それならまるで無駄だったな。

武装は20mm機関砲×4門。主翼のちょっと上面寄りについてるように見えるけど、どうなんだろう。

69
213
シリアル42-13569は試作2号機、つまりXA-32Aで、無塗装だった。あるいは銀色塗装。

爆弾倉のドア。ところでダイヴブレーキはどこだろう？

1号機は後部キャノピーを金属外板でつぶしたようだ。

主翼はすごく厚くて、12.7mm機関銃はこんな外側に変な並び方で装備されてる。

「213」ってのは、きっとシリアル4213568の前半だ。4は省略されてる。

操縦翼面は羽布ばりだったかもしれない。補助翼にはタブが突き出してる。

モックアップとは尾翼の配置が全然ちがうから、きっと安定性や操縦性に不安があったんだろう。それも太短い胴体に関係があったかもしれない。ブリュースターの技術者たちが持ってた飛行機のイメージって何だったんだろう？

第2次世界大戦のアメリカ陸軍は一応急降下爆撃機に興味があったらしい。ドイツのＪｕ87の成功や日本海軍とアメリカ海軍の急降下爆撃機の働きぶりを見てるうちに、自分でも欲しくなったんだろう。そこでいろいろ試作してみたら、中にはとんでもない飛行機ができちゃったりしたのだった。

それがブリュースターＸＡ-32だ。このメーカー、そもそも１９２４年に創立されたんだけど、何をやってたんだか、１９３６年の海軍向け急降下爆撃機ＳＢＡが初めての製品だった。これが単葉引き込み脚でとりあえず近代的だったから採用されたけど、ブリュースター社ときたら生産施設が不十分なもんで、結局量産機30機は海軍工廠でＳＢＮとして作られた。そのＳＢＮがまた生産開始に手間取って、引き渡しが始まった頃には完全に時代遅れになってた、というのはまた別のダメ飛行機の話。

その後ブリュースター社はご存知の艦上戦闘機Ｆ２Ａバッファローで一応の成功を収めて、オランダやイギリス、果てはフィンランドにまで輸出される。この戦闘機が日本戦闘機に全く歯が立たなくて、フィンランド以外じゃ全然ダメだったというのはよく知られた話。

ＳＢＡに続いて、海軍向けの艦上急降下爆撃機ＳＢ２Ａバッカニアを作るんだが、これがまた性能が凡庸なうえに、また生産がもたついて、イギリスじゃ標的曳航機、アメリカでも海兵隊の練習機にしか使われなかったというのは、『世界の駄っ作機』の第1巻に書いてある。いや、結局イギリスじゃ全然使わなかったとか。

飛行機の出来だけでなく生産体制にも問題多々ありのブリュースター社だったが、実は１９４１年のアメリカ陸軍の急降下爆撃機計画にも設計案を提示して、Ｆ２ＡやＳＢ２Ａの生産でドタバタしながら、なんとか開発を進めていた。これが1942年春～夏のモックアップ審査で試作発注2機を得て、XA－32の名前をもらった。当時のアメリカ機のことだからXA－32もエンジンは豪勢で、プラット&ホイットニーR－2800ダブルワスプ空冷星型18気筒2100馬力。中翼で胴体の爆弾倉と主翼下にそれぞれ455kg爆弾を搭載して、さらに主翼には12・7㎜機銃4門を装備した。外見はブリュースター流に太い胴体だが、エンジンも武装も強力そうだ。これでXA－32は単座だったから、アメリカ陸軍のこの急降下爆撃機構想はなかなか独特で面白い。急降下爆撃もする対地攻撃機みたいなもんを作りたかったんだろうな。

ところが試作機製造になると、ブリュースター社の本領が発揮されて、やたら時間がかかった。試作1号機の初飛行が1943年の春だったから、モックアップから1年近くたってしまったのだ。しかもブリュースター社、製造工程の管理がよほどまずかったようで、なんと予定よりも自重が900kg近く重くなっちゃったそうだ。それにただでさえ太短い胴体のせいで抵抗が大きいのに加えて、機体の表面仕上げが粗雑で凸凹していたせいで、さらに抵抗が増えたんだと。こりゃいったんモールドを全部削り落としてサンドペーパーをかけてからパネルラインの彫り直し……で済むわけがない。これじゃダブルワスプの2100馬力をもってしてもいかんともしがたいのであって、XA－32は要求性能をほとんどあらゆる面で下回ることとなった。巡航速度は320㎞／hに及ばず、作戦航続距離なんか800㎞しかなかったのだ。

だからXA－32は当然不採用。しかしこの飛行機がみんなをがっかりさせている間に、アメリカ陸軍はちゃんとした単座急降下爆撃機／対地攻撃機を手に入れていた。ノースアメリカンA－36アパッチ、つまりP－51

Aの派生型だな。だから陸軍はXA－32の失敗にも特にがっかりはしなかったはずだ。

しかしブリュースター社にはもっとがっかりが待っていた。1941年11月に海軍からF4UコルセアをF3Aとしてライセンス生産する発注を与えられて、海軍がそのための工場まで新設してブリュースター社に貸与してくれたのに、また生産開始が遅れてしまった。SB2Aのこともあるし、海軍は1942年4月に建設部隊のウェスターヴェルト大佐を管理役に送り込み、会社運営の建て直しに当たらせたのだ。

その後1ヶ月で新経営陣が就任したけど、ブリュースター製コルセアのF3A－1が初飛行したのは1943年4月になってから。しかも年内に136機しか完成しなかったから、政治問題になっちゃって、議会で聴聞会まで開かれることとなった。海軍もほとほとうんざりして、とうとう1944年7月にブリュースター社との契約を打ち切り、工場を閉鎖してしまった。F3Aは738機作られたそうだ。これがブリュースター社の最期で、1946年には資産が売却されて、会社は消えてなくなった。

さて、XA－32だが、2号機は翼内の武装を20㎜機関砲4門に改めて、XA－32Aと呼ばれた。すでに不採用が決まっていたから、単に機関砲装備の威力を試してみただけの話だ。ブリュースター社って、短い歴史の中で作った飛行機は駄作ばっかり。いったい何を考えていたんだろうな？

イラストで見る航空用語の基礎知識 basic knowledge

モックアップ

飛行機を作るとき、設計図だけじゃなかなか完全に感じがつかめない部分なんかもでてくる。内部の装備品の位置とか、整備や点検のための手の入りやすさとか、操縦翼面や各種フタと機体とのスキマの開き具合、コクピットからの眺めや計器盤の見やすさ、スイッチやレバーの操作のしやすさ、それにもちろん全体の姿とかだ。それを確かめて、実機製作前に直しとくべきところを見つけるために、実大の模型を作ることがある。それがモックアップ。今なら3次元CGでできる部分もあるだろうけど。

ほら、XA-32の実機と尾翼がまるでちがう。モックアップの段階でやっぱり気になったんだろうか？

排気管はどうするつもりだったんだろう？

なんだか結局、2000馬力のバッファローにすぎなかったのかな。

XA-32のモックアップ。このときにいろいろ気付いていた方が良かったのかもしれない。ところで、アメリカの星マークがなくて、しかもこんな迷彩パターン、ってことはひょっとしてイギリス向けの輸出も企んでたとかいうことなのか？

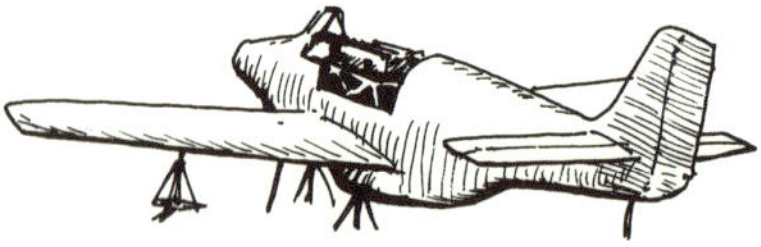

ロールスロイスが提案してみた、P-51の機体の中央にマーリンを装備する案のモックアップ。どんなアンバイになるか、ひとまず作ってみたんだろうな。

モックアップはたいてい木材やベニヤ板で作る。金属より製作が簡単だし、修正も楽だし、なにより安い。どこまで細かく作るかは、そのときどきの条件や状況次第、ってところだろうな。でも、モックアップ段階で軍や政府、ユーザー側関係者の気を引いて、予算や発注をたっぷりもらおう、なんて考えて美麗に作ることもある。

1954年にノースロップが計画したN-102ファング軽量戦闘機のモックアップ。完全塗装でマーキングまで入ってた。

F-16の先取りみたいでカッコ良かったのに、計画だけで終っちゃった。

File No. 3

小さくまとまっちゃダメ

チェトヴェリコフSPL
Chetverikov SPL

全幅：9.5m
全長：7.4m
自重：592kg
最大重量：879kg
エンジン：シュヴェツォフM-11
空冷星型5気筒（100hp）×1基
最大速度：186km/h
巡航速度：183km/h
実用上昇限度：5,400m
航続距離：400km
乗員：2名

アメリカ海軍のキャスパーU-1。2機作られたんだそうだ。
全幅7.2m，全長6.3m，総重量510kg，エンジンはジーメンス
空冷5気筒60hp。最大速度145km/hだった。

翼間に支柱がないんだ。

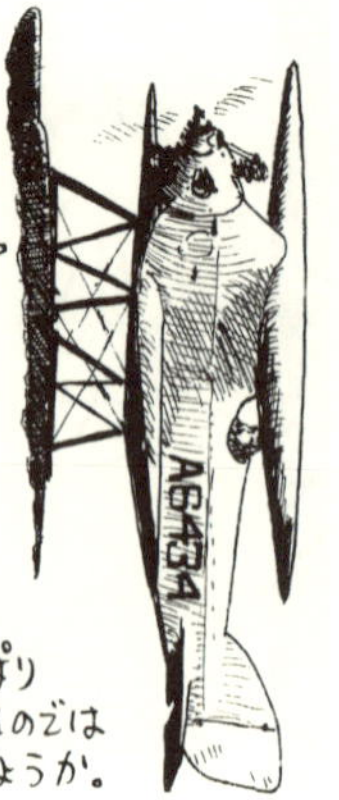

で、これが本編の主人公，
ソ連のチェトヴェリコフPLS。
なるほどボート系の設計者が作っただけあって，胴体はほとんどそのままボートっぽい。木製機だし資料も少いんで，ディテールが少くてゴメン。ちなみに1934年12月に完成，翌春にセバストポリで初飛行した時のパイロットは，A.V.クルジツェフスキーというんだったそうだ。

尾翼の大きさはこれだもの。やっぱりちょっと小さすぎるのではないでしょうか。

たった5つしかシリンダーがないM-11エンジン。こうして装備されてると、なんだかセンプーキのようでもある。潜水艦にしまうときには後ろに90度倒して寝かせるようになっていた。

オープン・コクピットだから，場合によっちゃ乗員はズブ濡れになったろうな。風防の前に突き出してるのはピトー管。艇首に赤星マークがつくぞ。

特別手当2重どり。
イギリス海軍のパーナル・ピートウ。

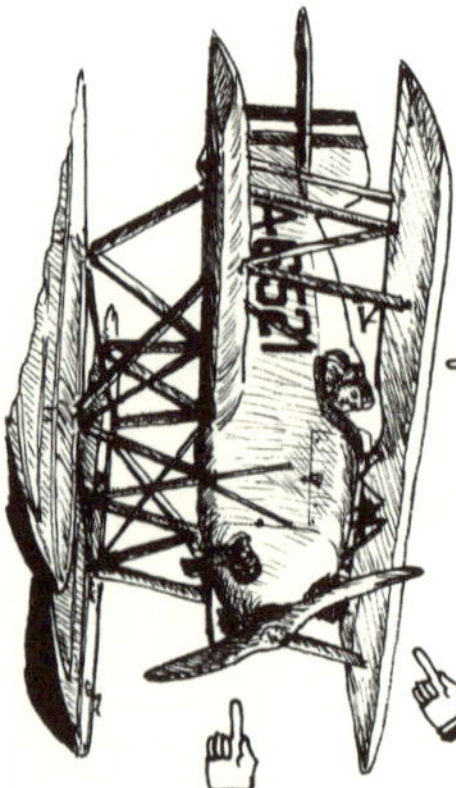

エンジンはアームストロング・シドレー・マングースで，出力は135hpだったんだと。

アメリカ海軍の1923年のコックス・クレミンXS。6機が作られて，同じ設計でマーチン社でもMSの名で6機が作られた。原設計は陸上の連絡機だったとか。

全幅5.5m，全長5.5m，総重量467kg。最大速度166km/h。

3気筒60hpのローレンス・エンジン。

全幅8.7m，全長6.9m，総重量885kg。

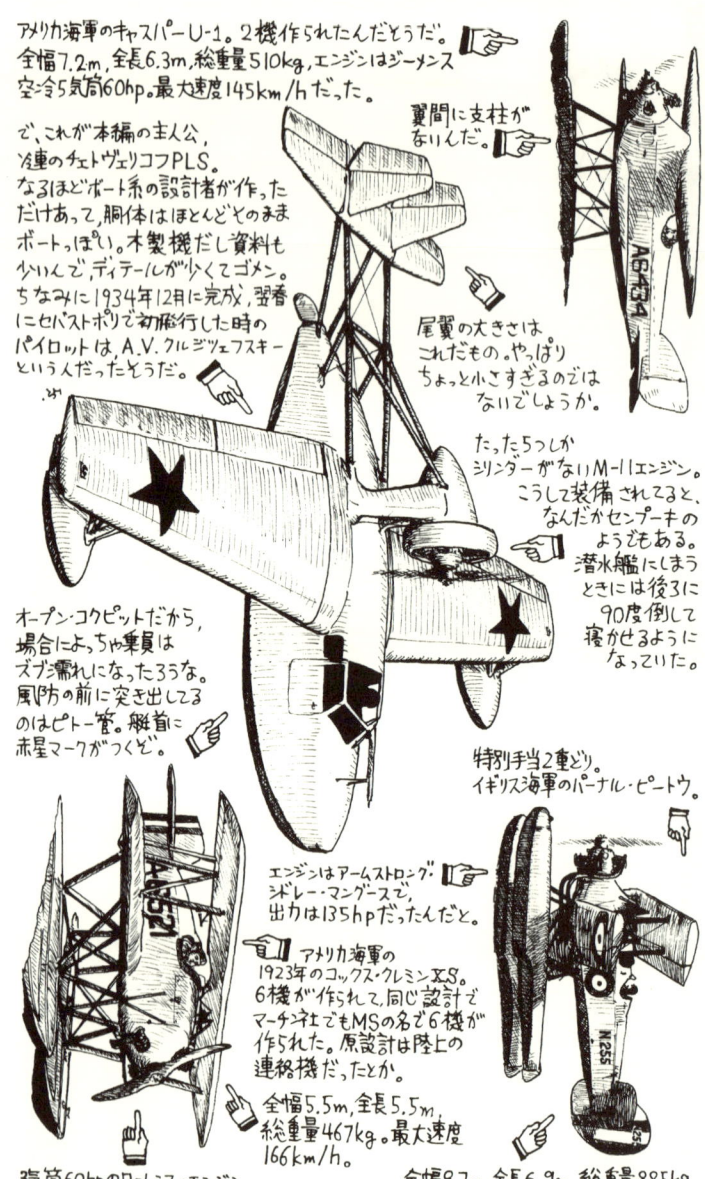

野蛮でそれは血みどろな第1次世界大戦のおかげで、飛行機と潜水艦はともに戦争の道具として致命的なほどに便利なことを実証した。その後の1920年代に両者ともじわじわと進歩していったが、ちょうどその頃、潜水艦の弱点を飛行機で補えるんじゃないのと考え付く人々が現れた。潜水艦は浮上中も背が低いんで遠くが見通せない。潜れば潜望鏡の狭い視野でしか海上が見えない。レーダーも高性能ソナーも無い時代だから、索敵能力が弱かったのだ。

そこで潜水艦から飛行機を飛ばして、敵艦船を探し、目標が見つかったら潜水艦が待ち伏せるなり追いかけるなりすればいい、と考えたわけだが、それをまず実行したのが空母発祥の地のイギリス海軍だった。第1次世界大戦末期に計画した巨砲潜水艦M級の1隻、M2を1927年に改装して、艦橋前の砲塔に替えて飛行機格納筒を装備、パーナル・ピートウという小型複葉複座偵察機を1機搭載したのだ。このピートウ、胴体がステンレス製だったのは面白いけど、あんまり性能が良くなかった。乗員は飛行手当てと潜航手当てが両方付くんで羨ましがられたそうだが、うまい話には落とし穴があるもんで、M2は1932年に命令伝達の不備から格納筒のドアを開けたまま潜航し、沈没してしまった。

潜水艦搭載用の飛行機は、イギリスより先にアメリカ海軍で1922年のキャスパーU－1とかコックス・クレミンXSとかが試作されたが、この時期のアメリカ海軍は実用的な潜水艦を作るのすら苦労してたから、とても飛行機搭載潜水艦どころじゃなくて、結局どちらも潜水艦には搭載されなかった。その後、フランス海軍が名高き大型潜水艦シュルクフにベッソンMB411偵察機を搭載したり、日本海軍も伊51でのテストから伊6で実用化したり、なりゆきとしては主要国海軍のほとんどが潜水艦搭載航空機に手を出したことになる。

それを追いかけたのがソ連海軍で、1933年にチェトヴェリコフ設計局が潜水艦搭載用の飛行機の設計に取りかかった。このチェトベリコフSPL（サモリョート・ドリャ・ポドヴォドノイ・ロードキ。そのまんま「潜水艦用飛行機」）は、砕氷船の航路偵察用のOSGA-101飛行艇を原型に、海軍の要求に合わせたもので、この種の飛行機には珍しく飛行艇形式だった。このOSGAという設計局が競走用ボートや動力ソリを作ってたせいかも。艇体と主翼は木製、艇体の後部は鋼管のブームになっていて、金属羽布張りの小さい尾翼を支持するという構造で、もちろん主翼は後方に折りたたまれ、水平尾翼の端もたたまれる。エンジンは空冷星型、たった100馬力のM-11。これを艇体の上の支柱に載せて、格納時には後方に90度倒す。翼端フロートも折りたたむ。機体の全長は7・45mだったから、こうすると直径2・5m、長さ7・5mの格納筒にちゃんと収まる設計だった。この寸法なら、1930年代の中くらいの潜水艦でも、なんとかこの飛行艇が入るような格納筒を装備できたかもしれないな。

SPLが主翼を広げたときの全幅は9・7m、これで自重はわずか592kg、総重量は800kgぐらい。エンジンが小さいから性能もそれなりで、最大速度は186kg／hしか出ないが、潜水艦に積む特殊な飛行機だから文句は無い。別にソ連海軍だってSPLでパナマ運河を爆撃しようとか考えてたわけじゃないし。

しかしやっぱり潜水艦に詰め込むとなると、飛行機としていろいろ無理をしなくちゃならなかったんだろう。このSPLも1935年8月に初飛行したものの、テストでは耐航性の不足、つまり海の上で波に耐える能力が足りない、とされたのだ。小さくて軽いから、よほど波が穏やかじゃないと揉まれて揺られて大変なことになる。見た目も華奢そうで、波に叩かれてるとじきに壊れそうだし。それに飛んでみると縦安定が悪くて、簡単に失速するクセがあるのがわかった。図を見ると、なるほど水平尾翼がかなり小さい。格納筒の大きさに合わせようとしたのが祟ったようだ。海面を走れないわ、飛ぶと失速するわじゃ、飛行機としては潜水艦に積む以前の問題でとても使い物にならないわけであって、SPLは試作だけで終わり、結局ソ連海軍は航空機搭載潜水艦も建造しなかった。

潜水艦に積めるほど小型軽量で、しかも役に立つ飛行機を作るのは簡単じゃないのだ。じゃあ多少はまともな飛行機を格納できるように潜水艦を大きくすればいいんだろうが、海軍側にも何かと事情がある。一説ではSPLは悪い飛行機じゃなくて、実用化されなかったのはソ連海軍が大きな潜水艦を作る気が無かったせいだともいうが、どうもSPL自体の問題も大ありだったんだろうと思うぞ。

そんなわけで、潜水艦に飛行機を積んで本気で実戦に使ったのは日本海軍だけだったが、その割には日本の潜水艦は第2次大戦の戦局に決定的な影響を与えずに終わってる。でもまあ、潜水艦に飛行機を載せるっていう基本的なアイデアは、第2次世界大戦後のアメリカのレギュラス巡航ミサイル潜水艦やソ連の巡航ミサイル搭載潜水艦に受け継がれたとも言えるんだろうな。

イラストで見る航空用語の基礎知識
basic knowledge

巡航ミサイル潜水艦

ルーンってのは早い話がV-1のパクリ。
誘導方式はさすがにちょっと改良されてたけど。
射程は90kmぐらいしかない。

アメリカ海軍は1947年に早くも潜水艦カスクから巡航ミサイル「ルーン」の発射実験を行なってる。セイルの後ろにミサイル格納筒、その後方の甲板にカタパルトを設けた。もちろん発射作業は浮上して行なう。

核攻撃用のミサイルとして、1951年にレギュラスが完成。潜水艦だけじゃなくて、巡洋艦と空母にも搭載された。これはタニー。他にバーベロもレギュラスを積んだ。

格納筒は直径4.5m。

中にはリングがあって、2発のレギュラスを背中合わせにして格納した。でもレギュラスを発射するには浮上して、人力でカタパルトに乗せてやらなきゃならないんで、潜水艦としてはちょっとヤバい。

第2次大戦の余りモノを改装したんじゃなくて、最初からレギュラス搭載潜水艦として建造されたグレイバック。
1958年就役。略同型のグロウラーもあった。
後にはSEAL母艦になった。

前部に格納筒2本、レギュラス4発を搭載した。

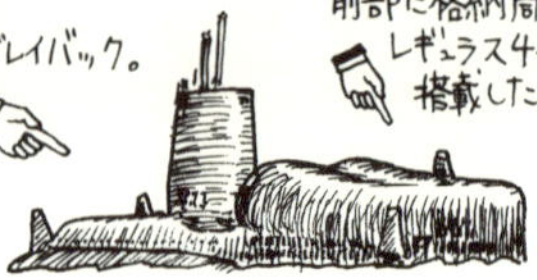

グレイバックもハリバットも、昔タミヤからゴム動力のキットが出てたぞ。かなり良い出来だったぞ。

当然、原子力でレギュラスを積む潜水艦も作った。それがこのハリバット。でもすぐに水中発射弾道ミサイルのポラリスの実用化のメドが立って、レギュラスはお払い箱になった。ハリバットもミサイルをやめて「攻撃型原潜」になった……というのは表向きで、実はミサイル格納筒のスペースを利用して、ソ連軍の海底電線に盗聴機をしかけたり、海底のソ連のミサイル部品を回収したりする特殊任務艦になったらしい。

射程900km、亜音速のレギュラスI。
1955年から1964年まで使われた。

射程1800km以上、マッハ2のレギュラスII。
慣性誘導だった。

大昔にモノグラムからキットが出てた。

テストじゃ成功したけど、ポラリスが出現したんで、1958年に開発中止。

File No. 4

重荷を引いて飛ぶがごとし

ホーカー・ヘンリー
Hawker Henley

全幅：14.6m
全長：11.1m
全高：4.4m
自重：2,726kg
総重量：3,848kg
エンジン：ロールスロイス・マーリンⅡ
　液冷V型12気筒(1,030hp)×1基
最大速度：473km/h
実用上昇限度：8,290m
航続距離：1,512km
武装：ヴィッカース7.62mm機関銃×1門(右翼内)
　ルイス7.62mm機関銃×1門(後席に旋回式)
　226kg爆弾×2発(胴体爆弾倉)
　90kg爆弾×8発(主翼下面)
乗員：2名
(データは爆撃機としてのもの)

実はヘンリーの機体を基にした
複座戦闘機ホットスパーっていう
のが試作されて，それがまた
ダメ飛行機だったのは，
「世界の駄っ作機」の1巻
に書いてある。

大きくて強力なロールスロイス・グリフォンIIを
つけた，ヘンリーIII（L3414）の機首。後の
フェアリー・ファイアフライのエンジンまわりのテストも
ヘンリーでやったんだと。

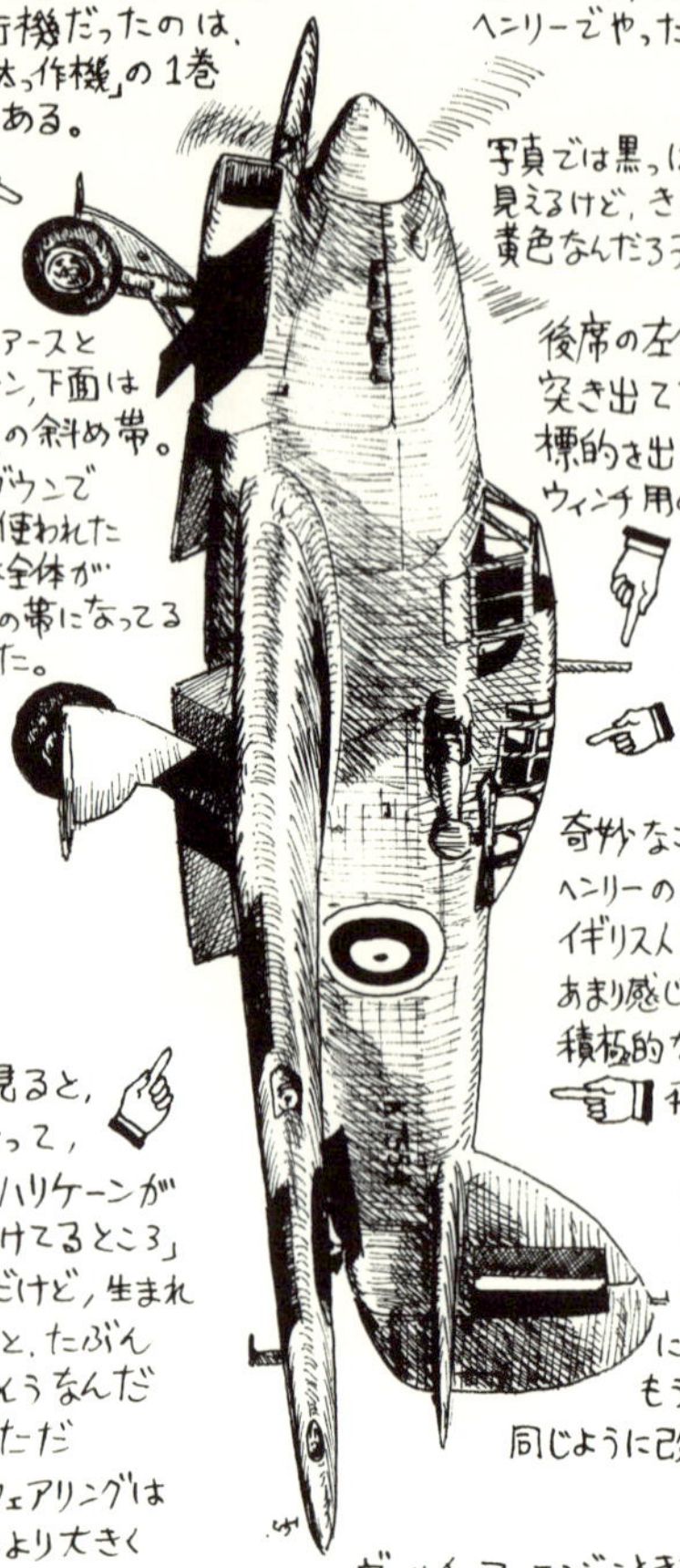

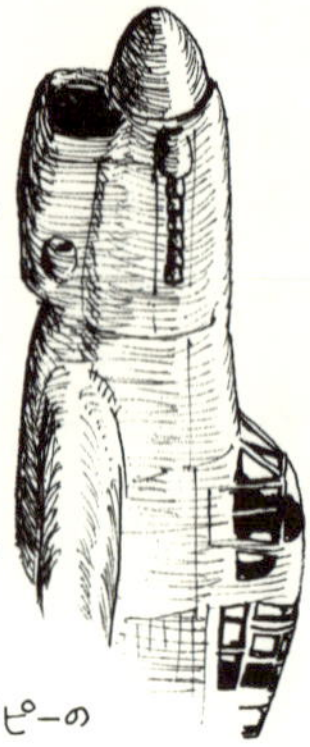

写真では黒っぽく
見えるけど，きっと
黄色なんだろうな。

上面ダークアースと
ダークグリーン，下面は
黄色と黒の斜め帯。
ボスコムダウンで
テストに使われた
ヘンリーは全体が
黄色と黒の帯になってる
のがあった。

後席の左側に
突き出てるのが，
標的を出し入れする
ウィンチ用の動力風車。

後席のキャノピーの
枠組みがややこしい。

奇妙なことに，部隊で使われてる
ヘンリーの写真って見たことがない。
イギリス人にとってすら，「写真に残す必要が
あまり感じられない」か「本に写真を載せる
積極的な理由が見つからない」，っていう
飛行機だったのか？

ロールスロイス・
ヴァルチュアの
飛行試験機
になったK5115。
もう1機L3302も
同じように改造されてる。

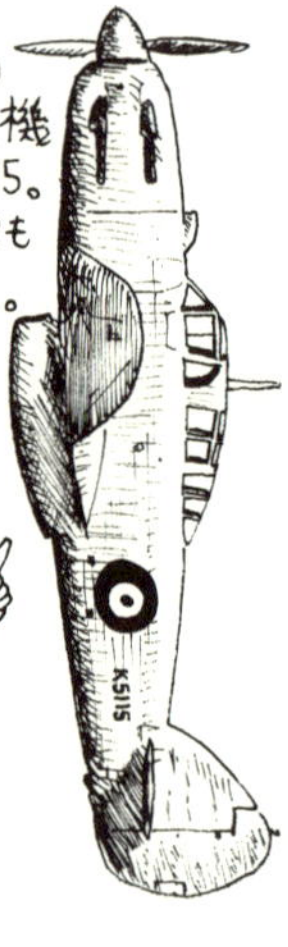

ちょっと見ると，
ヘンリーって，
「太ったハリケーンが
口を開けてるところ」
みたいだけど，生まれ
を考えると，たぶん
まさしくそうなんだ
ろうな。ただ
主翼のフェアリングは
ハリケーンより大きく
なってるみたいだ。

ヴァルチュア・エンジンときたら，なにしろ
24もシリンダーがあって，X型に
並んでるから，ラジエーターも大きくして，
こんなところにつけてる。

ヘンリーIII量産機のシリアルは
L3243〜3642のひとつながり。あれ，じゃこのK7554は…
っていうと実は試作2号機で，標的曳航機の量産原型，つまり
ヘンリーIIになった機体。こんな迷彩塗装でⓅマークもなしで，
No. 1AACU（対空協同部隊）で評価試験に使われた末に，
1943年に地上教材に使われた。

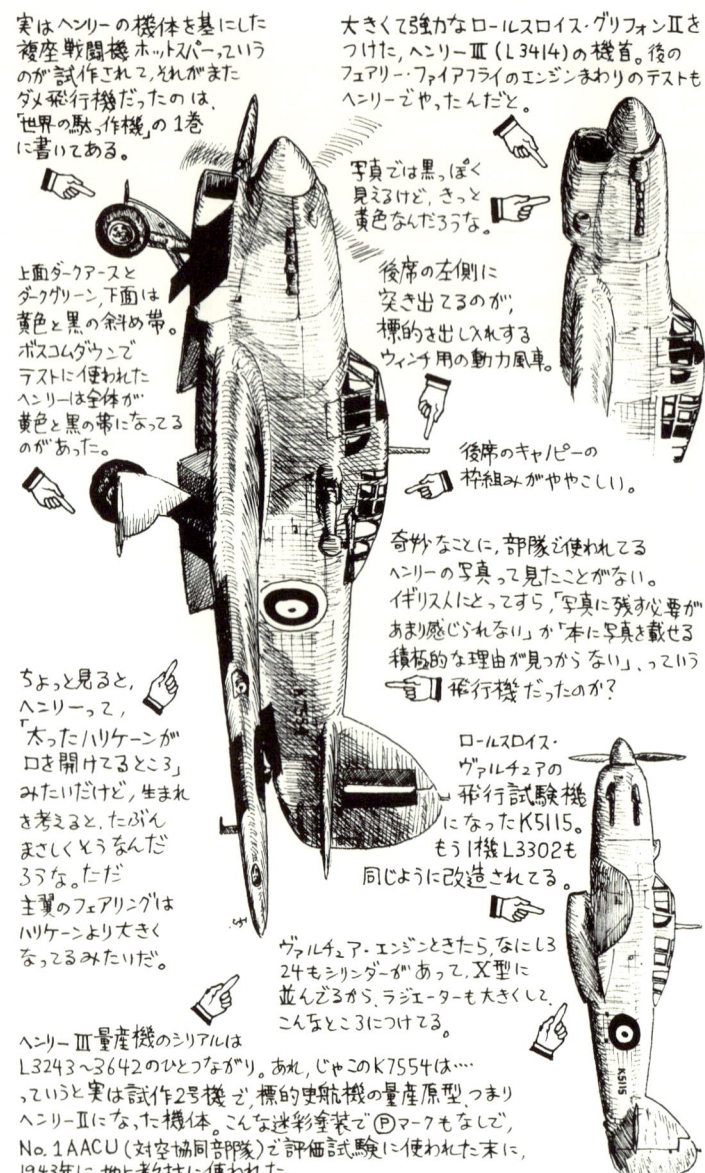

そもそもは別にダメな飛行機でもなかったはずなのに、思いもよらない使われ方をしたばっかりに、駄作と化してしまった……なんていうのは、飛行機の運命としてはかなり可哀想な部類だ。でも、そういう飛行機ってたいてい忘れられてるから、誰も同情したりしないんだけど。

そんな不幸を背負ってしまったのがホーカー・ヘンリーだ。ヘンリーの基になったのは、1934年にイギリス航空省が提示した要求仕様P4／34で、急降下もできる単発軽爆を求めるものだった。2年前に開発計画が始まったフェアリー・バトルで、イギリス空軍は全金属単葉引き込み脚の単発爆撃機の実現に踏み出してたから、その続きとしてもっと高性能で、小回りの効く爆撃機が欲しくなったんだろう。当時のイギリス空軍の主力単発軽爆は、複葉のホーカー・ハート系列で、名高い設計者シドニー・カムの初期の傑作の一つだ。当然、今回のP4／34にもホーカー社は設計案を提示してきた。ハリケーンを開発中だったから、新爆撃機にも同じ構造を採用したばかりか、主翼と尾翼なんかハリケーンの基本設計そのままだった。ただし胴体に爆弾倉を付けたから、主翼は中翼配置になって、爆弾倉の分だけ翼幅と脚の間隔も広がった。

P4／34計画にはホーカー社のほかに、バトルの後継を狙ったフェアリー社も試作発注を受けたが、こちらが後に海軍の偵察戦闘機フルマーに発展することになったのは、また別の話。

とにかくホーカーのP4／34試作機の製作が始まった1935年半ば、イギリス空軍はいろいろ仕様を変えてきて、それに合わせた設計の手直しに時間を取られて、そのうちにハリケーンの開発の方が先になってしまった。そんなこんなで、ヘンリーと名付けられたホーカーの爆撃機の試作1号機Mk.I（K5115）がブルックランズで初飛行したのは、１９３７年3月になった。ヘンリーは人名じゃなくて地名で、ボート競技のヘンリー・レガッタで有名な場所だ。

シドニー・カムがハリケーンを基に作っただけに、ヘンリーは安定性も操縦性も良いし、バトルより80㎞／hも速くて、評判は上々だった。ところがそこにきてイギリス空軍の方針が変わっちゃった。爆撃機の主力は重爆撃機にして、単発の軽爆はもういらないことにしたのだ。かくしてヘンリーは標的曳航機として採用されることになった。発注も、すでに１９３６年にはホーカー社の系列会社のグロスター社で３５０機作るように出されてたけど、標的曳航機はそんなにいらないんで２００機に減らされた。

量産型ヘンリーＭｋ.Ⅲ（Ｍｋ.Ⅱは試作機改造の標的曳航機に与えられた）は１９４０年半ばまでに全機完成して、グロスター社はすぐさまそのスペースをハリケーンの増産に当てた。バトル・オブ・ブリテンが迫ってたから当然そうなるんだろうけど、なんだかヘンリーって、空軍だけじゃなくてメーカー側にまで邪魔にさされたみたいな感じで哀れをさそうな。

ヘンリーは１９３９年末頃からイギリス空軍の爆撃機射撃訓練学校に配備された。爆撃機の乗員を急速に養成しなくちゃならなかったから、標的曳航機も必要だったのだ。ヘンリーは空中射撃訓練用のＭｋ.Ⅲスリーヴ標的を引っ張って４２６㎞／hの速度で飛べたんだが、なにしろ標的の抵抗が大きいからエンジンをフルスロットルにする必要があった。これじゃさしものマーリンエンジンも音を上げるから、エンジンをいたわって飛ぶと速度は３５４㎞／hに落ちてしまう。ドイツ戦闘機がこんなに遅く飛ぶわけがないから、今度は空対空射撃の効果が上がらなくなっちゃう。

というわけで、ヘンリーはここでも邪魔ものになってしまって、１９４０年秋からは高射砲の砲手の射撃訓練を手伝う対空協同部隊（ＡＡＣＵ）に回された。この時はヘンリーは１３０機ぐらいに減ってたから、標的曳航でのエンジン故障による損失はけっこう多かったようだ。

しかも高射砲の訓練には空中射撃よりもっと大きな標的を使う。ヘンリーがそれを引っ張るとフルスロットルでも３２０km／hが精一杯。おまけにマーリンはラジエーターにちゃんと空気が当たらないとすぐにオーバーヒートするんで、ヘンリーのエンジン故障による墜落や不時着事故はさらに急激に増えていった。

そのうちに戦闘機として駄目だったボールトンポール・デファイアントが標的曳航機になったし、標的曳航専用のマイルズ・マーチネットも導入された。こうなるとヘンリーの居場所はイギリス空軍のどこにも無くなった。１９４２年には、ヘンリーの残りはもはや40機ぐらいになって、それも次第に姿を消していった。

ヘンリーの一部はエンジン試験機に使われて、ロールスロイス・ヴァルチュアやグリフォンを装備した。あと１９４０年のイギリス危急存亡の時、ドイツ軍の侵攻があったらヘンリーを爆撃機に戻す計画もあったそうだが、結局その場面は実現しなかった。イギリス人によると、バトルより高性能のヘンリーがあったらフランスの戦いはもっと違ってたんじゃないか、とも言うけど、80km／hぐらい速いだけじゃＢｆ１０９Ｅからは逃げられなかったと思うけどな。

ホーカー・ハート系列

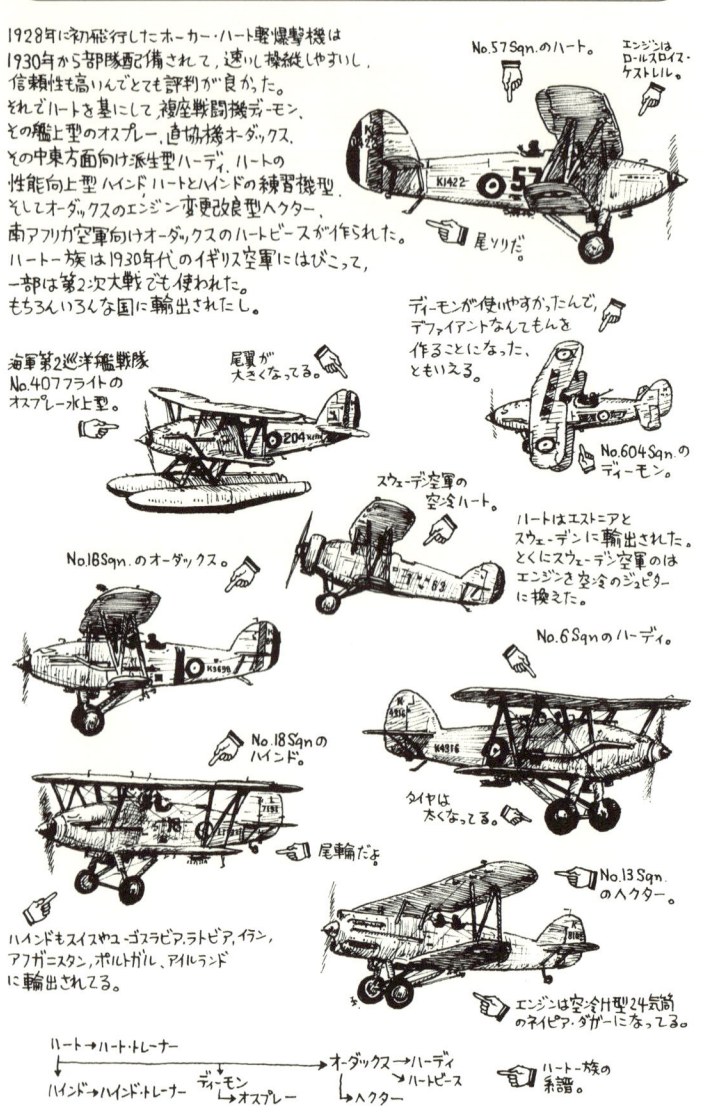

1928年に初飛行したホーカー・ハート軽爆撃機は
1930年から部隊配備されて，速いし操縦しやすいし，
信頼性も高いんでとても評判が良かった。
それでハートを基にして，複座戦闘機ディーモン、
その艦上型のオスプレー，直協機オーダックス，
その中東方面向け派生型ハーディ，ハートの
性能向上型ハインド，ハートとハインドの練習機型，
そしてオーダックスのエンジン変更改良型ヘクター，
南アフリカ空軍向けオーダックスのハートビースが作られた。
ハート一族は1930年代のイギリス空軍にはびこって，
一部は第2次大戦でも使われた。
もちろんいろんな国に輸出されたし。

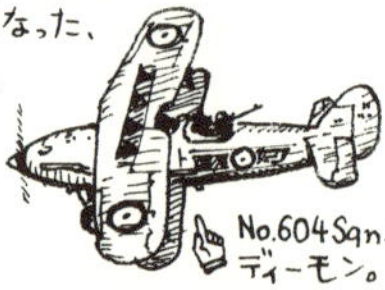

ハインドもスイスやユーゴスラビア，ラトビア，イラン，
アフガニスタン，ポルトガル、アイルランド
に輸出されてる。

ハート→ハート・トレーナー
ハート↓ハインド→ハインド・トレーナー
ハート→ディーモン→オスプレー
ハート→オーダックス→ハーディ
オーダックス→ハートビース
オーダックス→ヘクター

ハート一族の系譜。

File No. 5

西部戦線、効果なし

ファルマンF222
Farman F222

全幅：36.0m
全長：21.4m
全高：5.2m
自重：10,488kg
総重量：16,107kg
エンジン：ノームローン14N
空冷星型14気筒(950hp)×4基
最大速度：320km/h
航続距離：1,995km
実用上昇限度：8,000m
武装：爆弾搭載量4,200kg
機首と背部および腹部の人力銃座に7.5mm MAC機関銃×3門
乗員：5名

第15爆撃グループのF222.1。このグループが第2次大戦のフランス空軍で唯一の重爆撃機部隊だった。主敵のフランス空軍がこうだったんだから、ドイツ空軍に戦略爆撃能力が育たなかったっていったって、無理はないな。

F222.1の機首はこんなのだった。パイロットの下方視界、とくに夜間着陸時の視界を良くするんで、F222.2で機首の形が変ったんだろうな。

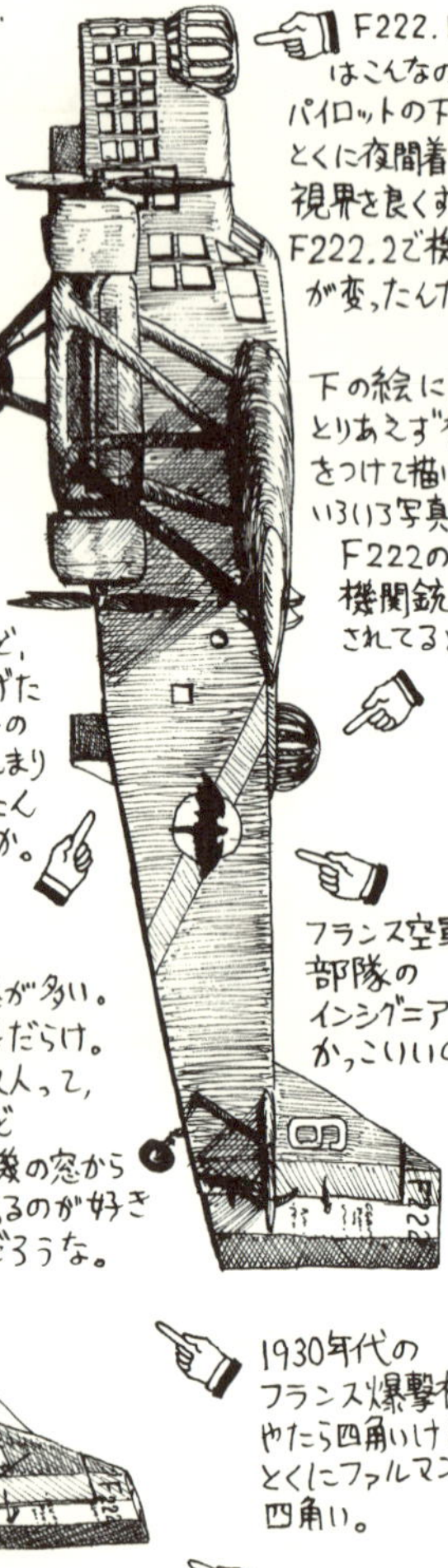

着陸灯がある。左側だけじゃなくて右にもあるみたいだ。

下の絵にはとりあえず機関銃をつけて描いたけど、いろいろ写真を見ても、F222の銃座に機関銃が装備されてるところがないぞ。

引き上げ式の腹部銃座。脚もそうだけど、これを引き上げたところで、全体の抵抗はあんまり減らなかったんじゃなかろうか。

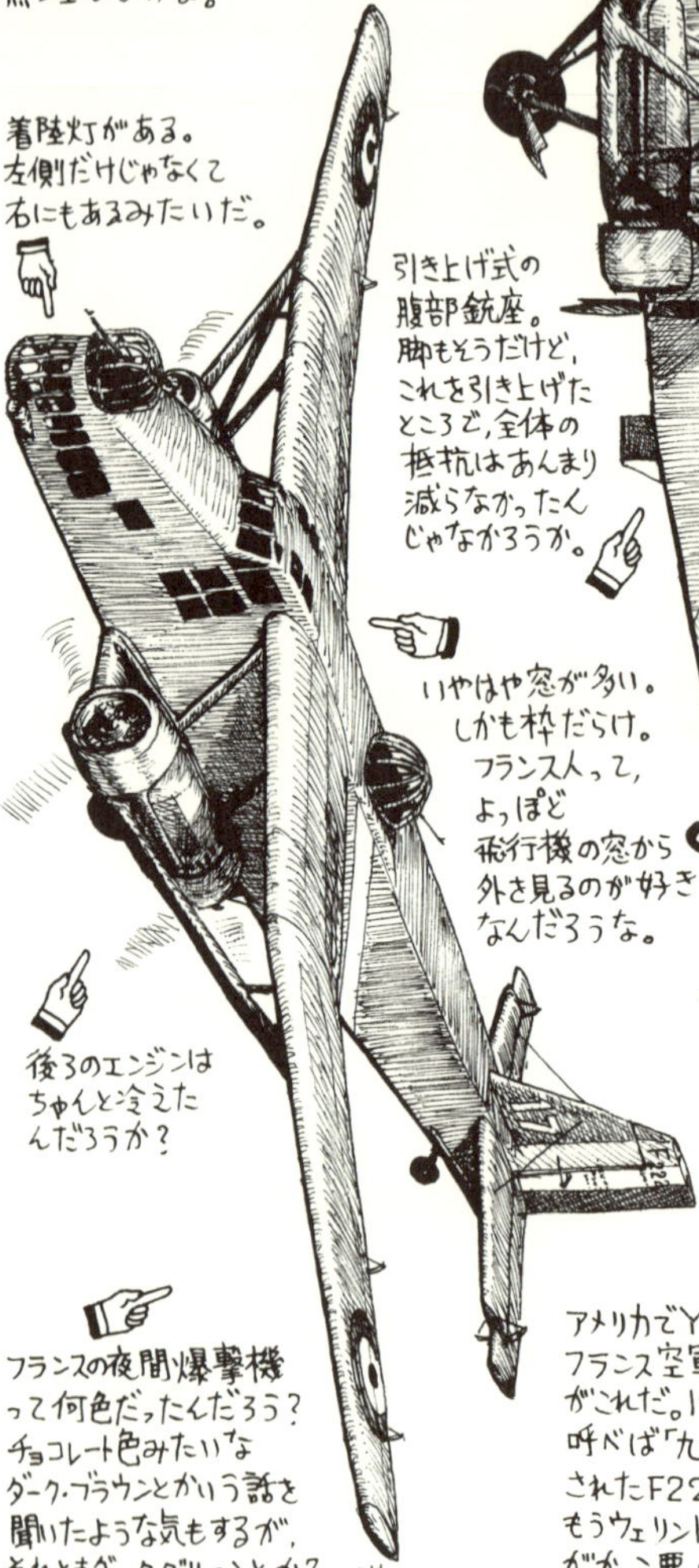

フランス空軍って、部隊のインシグニアだけはかっこいいのな。

いやはや窓が多い。しかも枠だらけ。フランス人って、よっぽど飛行機の窓から外を見るのが好きなんだろうな。

後ろのエンジンはちゃんと冷えたんだろうか？

1930年代のフランス爆撃機って、やたら四角いけど、とくにファルマンは四角い。

フランスの夜間爆撃機って何色だったんだろう？チョコレート色みたいなダーク・ブラウンとかいう話を聞いたような気もするが、それともダークグリーンとか？

アメリカでYB-17が飛んでいたころに、フランス空軍が手にした最新鋭重爆撃機がこれだ。1937年配備だから、日本流に呼べば「九七式」か？こちらはこれでも改良されたF222.2の方だが、これを見たら、もうウェリントンが鈍くさいだの、ホイットレーがかっこ悪いだの言わせないからね。

完全に時期はずれな飛行機のくせに、いけしゃあしゃあと実戦に投入されて、特に大失敗もしなかったけど、もちろん戦争の行方には何の影響も与えなかった……そういうのって、やっぱり軍用機としてダメでしょう。例え怨嗟や誹りの声が無かったとしても、それは単に目立たなかったというだけであって。

世界の真剣な空軍が、戦闘機や爆撃機をこぞって単葉引き込み脚の全金属製の機体に切り替えていた1930年代後半。アメリカじゃボーイングB－17の引渡しが始まり、イギリスでもヴィッカース・ウェリントンのテストが進み、ドイツでもハインケルHe111がスペイン動乱で実戦投入されていた。その頃、フランスにも新型の4発重爆撃機、それも引き込み脚の機体が空軍に配備された。ファルマンF222だ。

ところが「単葉引き込み脚」といっても実はいろいろあるわけで、ファルマンF222ときたらおよそこの時代の飛行機ではなかった。四角い断面の胴体は意外やモノコック構造なんだけど、高翼配置の主翼は片持ち式じゃなくて、胴体からたくさんの支柱で持ち上げてる。ここらへんは前作F221をそのまま踏襲してる。あ、主翼は後半が羽布張りだ。

これだけでもウェリントンどころかB－17とも同日の談じゃないんだが、エンジンの装備法がまた完全に時代を踏み外していた。胴体の下から水平に出た短い翼の先にエンジンナセルが付いていて、その前後にエンジンが装備されているのだ。こうなると引き込み脚だったことを忘れかけるが、主脚はちゃんとこのナセルに引き込む。引っ込んだところで、こんな姿じゃたいして抵抗が減りそうもないんだけど、F221との最大の違いが引き込み脚なんだからしょうがない。

どうも当時のフランス空軍や航空技術陣の間では、重爆撃機ってのは支柱がたくさんあるもんだ、という抜き難いイメージがあって、外国でどんな近代的な爆撃機が作られても、これで納得・大満足だったのかもしれない。いや、単にフランス空軍の近代化の中で重爆撃機は後回しにされて、新しい技術を採り入れた機体を作る予算が無い、というだけの話だっだのかも。

初期型F222.1は12機が作られて、1937年4月に部隊配備された。その間にもファルマン社は改良を続け、機首の形状を改めて外翼に上反角を付けたF222.2を8機生産した。このF222.2の総重量は15・2tで、当時のB−17の前生産型YB−17が19・3tだから多少軽くて、エンジンの馬力はほぼ同じくらい。ところがYB−17の最大速力が412km／hなのに、F222.2はたったの320km／h。明らかに設計の差だな。YB−17の爆弾搭載量4・7tに対してF222.2の4・2t、200kg爆弾で20発というのは、それなりの爆撃能力だけど。武装は機首と背部と腹部（引き込み式）の3ヶ所の人力銃座に、7・5mm機関銃が各1門。ドイツの戦闘機を何だと思ってたんだ？　まあフランス空軍はF222を夜間爆撃に使うつもりでいたから、この性能と武装で十分だったんだろうが、重爆撃機を使う戦争ってものを真剣に考えてなかったのは確かだな。

こんな重爆撃機をもってフランス空軍は第2次大戦に突入してしまった。さすがに「フォーニー・ウォー」だけあって、フランス空軍の活動も不活発で、F222も夜間の偵察（何をどう見るんだろう？）やビラ撒き、それに西アフリカからの洋上哨戒に従事した。しかし年が明けて初夏になって、ドイツ軍が本気を出して西ヨーロッパへの侵攻を始めると、フランス空軍も戦争らしく行動するようになった。F222部隊の第15爆撃グループはドイツのラインラントやバヴァリアへの夜間爆撃に出撃して、投下した爆弾量は約一ヶ月の間に総計133tに達した。F222.2の爆弾搭載量で割ると、およそ32機分、毎日約1機分の爆弾を落としていた計算で、けっこう頻繁に出撃したようでもある。この間に失われたF222は夜間不時着した1機のみで、第15グループはフランス空軍中で最も損耗率が低かったんだそうだ。

それというのもF222の信頼性が高かったのと、夜間しか出撃しなかったおかげだ。でもいくらコンスタントに出撃できても、そもそもの機数は知れたもんだし、もちろん爆撃精度も低いから、戦果なんて言えるほどの戦果も無かった。他の軽爆撃機や攻撃機が、ドイツ軍の進撃を食い止めようと文字通り血を流している時に、F222は何ら戦局に貢献しなかった。

だからF222が何をしようと関係なく、フランスは敗北してしまった。F222のうち、輸送部隊に配備されていた通算19号機だけは、6月20日にイギリスのセント・イーヴァル基地に脱出して、自由フランス空軍に加わったそうだ。フランスに残った機体はヴィシー政権で輸送機に使われたりした末に、最後の機体も1944年9月にスクラップになった。結局ファルマンF222は「そういうのもあったな」というだけに終わってしまった。そもそもフランス空軍にとっちゃ、重爆撃機なんてそれだけの存在でしかなかったのかもしれないが。

イラストで見る航空用語の基礎知識 basic knowledge ☞ フォーニー・ウォー

1939年9月、ドイツがポーランドに侵攻すると、
フランスとイギリスはドイツに宣戦を布告、
第2次大戦が始まった。でもポーランドを占領した
ドイツ軍は、いっこうに西には進撃してこない。
片やフランスとイギリス連合軍もドイツに攻め込もうとはせず、
両軍はドイツ・フランス国境でにらみ合いに入ったまま、
動かなかった。かくして1939年は暮れ、
1940年の年が明けていったのでありました。

戦争は始まってるのに、両軍はほとんど戦わない。
こりゃ本当に戦争なのか? インチキじゃないのか?
っていう変な感じを現わして、
イギリスじゃ"フォーニー・ウォー Phoney War"、
つまり「まやかし戦争」と呼んだ。フランス語だと
"ドロール・ド・ゲール drôle de guerre"だ。
ドイツはどう考えてたんだろう?

フランスは第1次大戦の塹壕戦にこりて、
国境沿いに延長300km以上に及ぶ要塞
『マジノ線』を築いていた。これがあれば
ドイツ軍もおいそれと攻めてはこないだろうと
思って安心していた。一方ドイツ側にも
『ジークフリート線』があったから、
フランス軍としても手が出しにくかったのだな。
ちょうどフィンランドとソ連の戦争が起こって、
そっちも気になったし。

フランスのミュロー117偵察機。
航空戦も偵察やビラまき、
小規模な爆撃ぐらいだった。

エレールあたりでキットが出てたかしら?

GCI/4のカーチス75A。

かくして1939年の冬から1940年の春にかけて、
戦争中でありながら西ヨーロッパは不思議と
静穏な時期を過ごしていた。ところが4月、
ドイツ軍はデンマークとノルウェーに侵攻、
そして5月10日、ついにフランスに向けての進撃を
始めたのであった!

6

流れ流れて飛行停止

ハンドレーページ(マイルズ)・マラソン

Handley Page (Miles) Marathon

全幅：19.8m
全長：15.9m
全高：4.3m
自重：5,495kg
総重量：8,279kg
エンジン：デハヴィランド・ジプシー・クイーン
空冷直列倒立6気筒(340hp)×4基
最大速度：259km/h
巡航速度：222km/h
実用上昇限度：5,030m
航続距離：1,770km
乗員：2名
乗客：20名

ほぼ同期のデハヴィランド・ヘロンと比べると，総重量と座席数が大体同じで，
エンジンの馬力はマラソンの方が30%ぐらい大きい。なのに性能でヘロンに負けてる
……ってどういうこと？
デハヴィランドとマイルズの
差なわけ？しかも
ヘロンは日本でも長く
働いてるし……。

「極東航空」のロゴも，
機首の「浪速」っていう機名も，
機首から読むように書いてある。

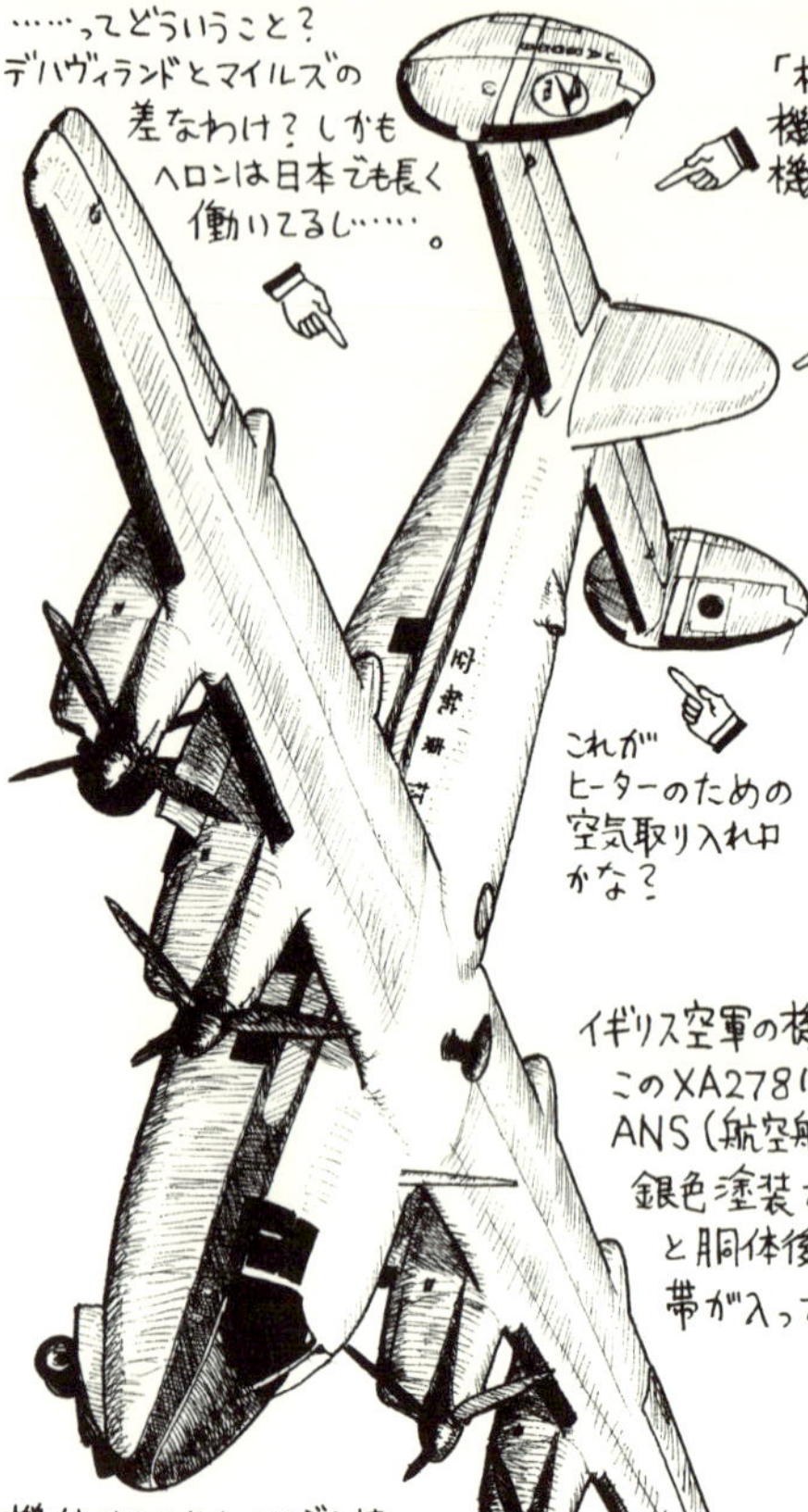

まん中の垂直尾翼には
方向舵がない。

マイルズ社って，
理想主義的にスマートな
飛行機を作りたがる
傾向がある。マラソンも，
この時期の旅客機として
高翼で4発なんていう，
なかなか興味深い
アプローチを採用しては
いたのだが……。

これが
ヒーターのための
空気取り入れ口
かな？

イギリス空軍の機上作業練習機マラソンT.11。
このXA278はソーニー・アイランド基地のNo.2
ANS（航空航法訓練校）の所属。
銀色塗装で，主翼中央部
と胴体後部に黄色の
帯が入ってる。

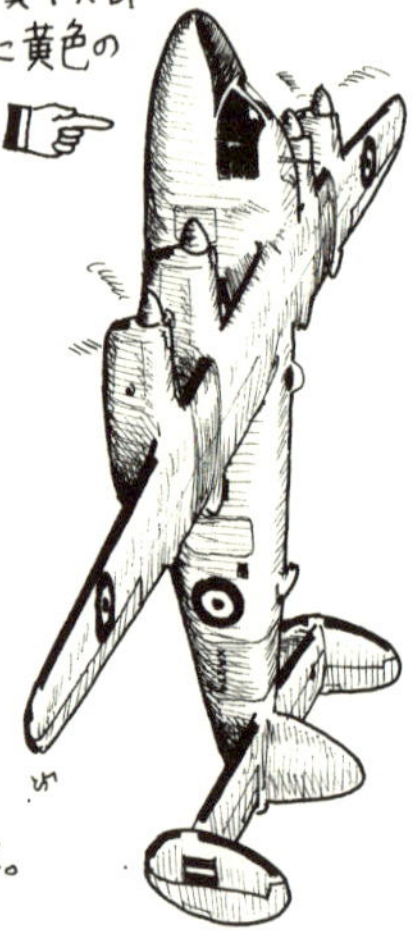

機体はともかく，エンジンは
傑作の部類のデハヴィランド・
ジプシー・クイーン。空冷直列
倒立で，冷却空気の取り入れ口はナセルの
左側に寄ってて，正面から見ると面白い。

このダルに四角い翼端はマイルズらしいデザイン。
ハンドレーページ社はマラソンを継子扱いしたけど，後に
30〜40席級の高翼4発機ヘラルドを作って，DC-3の
後継として売りまくるつもりだった。ところが全然売れなくて，
ターボプロップ双発にしたダート・ヘラルドも，
オランダのフォッカーF27フレンドシップに負けて，セールスは大失敗。
なんだ，自社設計でもダメじゃん！

イギリスにかつてあったマイルズ社は、第２次世界大戦前には流麗な高速軽飛行機をいろいろ作ってそれなりに知られていた。でもマイルズ社は夢見がちなメーカーで、軽飛行機に飽き足らず旅客機や貨物輸送機とか、先尾翼の爆撃機や艦上機を構想したりもしていた。そんな壮大な野心はどれも実を結ばなかったが、マイルズ社は第２次世界大戦の末期頃には、政府が進めていた戦後の旅客機開発計画に合わせて、つつましい小型旅客機を計画した。この構想は１９４４年秋には最大24席の機体にまとまり、政府から試作機３機の発注を受けることになった。この飛行機、マイルズM60は高翼で、エンジンは空冷倒立直列６気筒のデハヴィランド・ジプシー・クイーンが４発。垂直尾翼が３枚なのはマイルズ社の軽飛行機／連絡機メッセンジャーと同じで、メーカーのアイデンティティの部類だろう。実はマイルズM60、名付けてマラソンはＩＣＡＯ（国際民間航空機関）が定める規格に合わせて設計された、世界最初の機体でもあった。ＩＣＡＯは１９４７年設立だが、規格の基本線はすでにおおよそ定まっていたろうから、それを前倒しで採用して設計したわけだな。

マラソンの試作１号機（登録記号はＧ－ＡＧＰＤ）は１９４６年５月に初飛行した。テストでは特に大きな問題も無くて、マラソンの前途は明るそうにも見えたけど、旅客機開発計画の元締めであるイギリス政府はぐずぐずと仕様をいじくりまわすばかりで、量産発注をなかなか下してくれない。マイルズ社はとりあえず25機の生産準備を始めたけど、お金は試作機３機分しか払ってもらってなかったのだ。

やっと１９４７年２月になって、政府はＢＯＡＣ（英国海外航空）に20機とＢＥＡ（英国ヨーロッパ航空）に30機を使わせるつもりで50機を発注した。マラソンの２号機もその直後に初飛行したが、時すでに遅し。マラソンの確定発注遅れとか、政府の支援の欠如やらいろいろな不運が重なって、マイルズ社はこの頃には瀕死の状態になっていて、マラソンの生産に取り掛かるどころか、結局翌年には工場はハンドレーページ社の手に渡ってしまった。マラソンの試作3号機は、ターボプロップのアームスロング・シドレー・マンバ双発のM69で、ハンドレーページ社が完成させて1949年に初飛行、アルヴィス社でエンジン試験機になった。

ハンドレーページ社はとにかく40機のマラソンを完成させてはみたものの、航空会社からは冷たくあしらわれた。BEAは政府に7機を押し付けられたけど、DC−3（というかダコタ）とJu52があるからという理由で、路線運用には使わずじまい。それ以外には1950年代初期に西アフリカ航空に6機、ビルマ連合航空に3機が売れただけだった。仕方ないんでイギリス空軍が機上作業練習機として28機（VX229とXA249〜278）を引き取って、マラソンT11の名で1953年から1958年まで、いくつかの乗員訓練学校で使った。民間に売られたマラソンのうち2機は、どこをどう流れてきたのか、1954年に中古機（新古機かも?）として日本の極東航空に買われた。極東航空は関西にあった航空会社で、後に全日空と合併してる。2機のマラソンは「浪速（JA6009）」と「平安（JA6010）」と名づけられて、大阪から高松、高知、あるいは岩国〜板付〜宮崎〜鹿児島などの路線で使われた。

ところがマラソンときたら、まずパワー不足で上昇率が悪いうえに、左右安定も縦安定も足らない。DC−3なんかは安定性良好だから、パイロットは例えて言えば手放しでも飛ばせるほどだったが、マラソンは逆に操縦してて気が休まる暇が無い。メカニズムでもイギリス流に不可解なところが多々あって、ブレーキが油圧じゃなくて圧縮空気作動で効きが怪しかったり、客室ヒーターがエンジン排気熱じゃなくて尾部の独立ヒーターで、それがしばしば故障した。他の部分も故障が多かったが、日本でも少数派のイギリス製の機体で、わずかしか作られなかったのに加えて、中古機だったから部品が入手しにくくて、整備や修理が大変だった。

再開間もない当時の日本の民間航空界にあって、高価な新品の機体を買うのは難しかったわけで、どうやら極東航空も「安い出物がありますぜ」というような話についひっかかって、マラソンをつかまされちゃったらしい。まあ、当時としては珍しい高翼機で、窓から下の景色がよく見えたから乗客には不思議と好評だったとも言うが、それだけじゃなあ……。

極東航空／全日空は苦労しながら10年ほどマラソンを使い続けたけど、しまいには主翼の外板のリベットが抜け落ちてきた。これじゃ航空局の耐空性審査が下りない。２機のマラソンは１９６４年に飛行停止になってしまった。

極東航空／全日空でマラソンに携わった乗員や整備員の人たちは、その後も長く「マラソン会」という会を持ち、この飛行機での苦労を語り合ってきた。『苦労させられた子供ほど可愛い』ということだとすると、マラソンはある意味では愛されたわけで、ひょっとすると日本に来たのは幸せだったのかな。

イラストで見る
航空用語の基礎知識
basic knowledge

☞ 戦後の民間旅客機(国内編)

第2次大戦後の日本で最初に定期便で飛んだのは、日本航空が乗員つきでチャーターした5機のマーチン2-0-2。だから機体の登録記号もNナンバーのまんま。乗員もアメリカ人だった。1951年10月から1年間だけ飛んでた。

そのうちの1機、N93043の「もく星」は、1952年4月に伊豆大島の三原山に衝突してしまった。

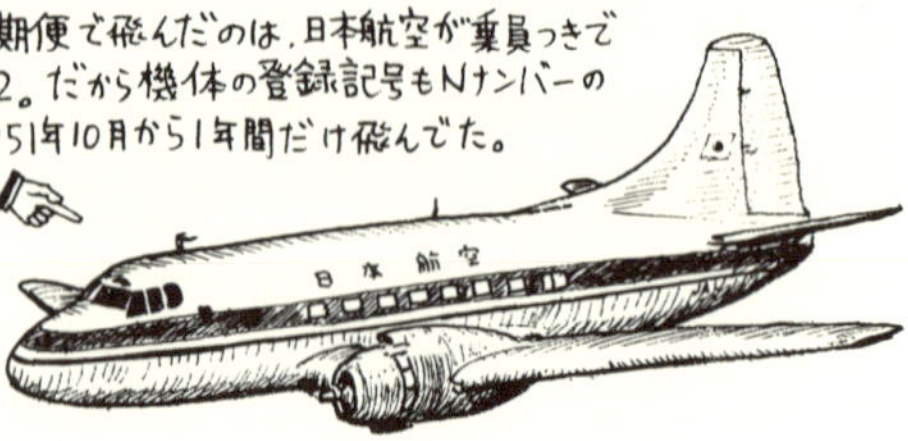

日本ヘリコプター輸送(全日空の前身)や北日本航空、それに航空局でも使ってたDC-3。JAナンバーで飛んだDC-3は全部で24機。航空局から引退したのは1969年のことでした。「インモータル・グーニーバード」ってわけね。

日本の空を飛んでたイギリス製旅客機の代表はこれ。12機輸入されたデハヴィランド・ヘロン。日本ヘリコプターや日本航空、その他の航空会社で使われて、東京〜大島路線や遊覧飛行で飛んでた。双発のダヴも、極東航空で使われた。

1954年から日本航空の国際線で働いたダグラスDC-6B。10機が1968年まで飛んでいた。

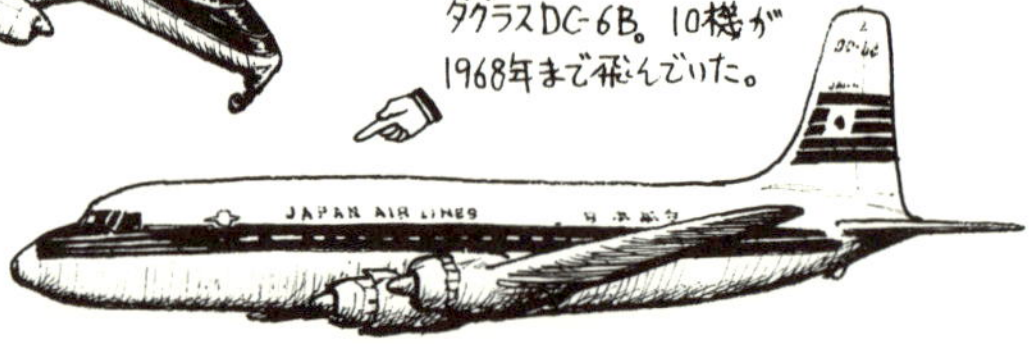

大阪の日東航空が1959年から4機使用した、グラマン・マラード水陸両用機。乗ったことある人は自慢していいぞ。うらやましい。

日東航空が大阪〜白浜・大阪〜徳島に1958年から飛ばした、デハヴィランド・カナダ・オッター水上機。JA3115の1機のみ。

File No. 7

エル・カルキン・パサ

FMA IAe24カルキン

FMA IAe24 Calquin

全幅：16.3m
全長：12.0m
全高：3.4m
自重：5,340kg
最大離陸重量：8,164kg
エンジン：プラット＆ホイットニー R-1830-SCG
　空冷星型14気筒(1,050hp)×2基
最大速度：440km/h
上昇限度：10,000m
航続距離：1,140km
武装：爆弾搭載量750kg
　12.7mm機関銃×4門
乗員：2名

モスキートっていう飛行機は、片発停止でも無事に帰ってきて着陸できるくらい、安定性も操縦性も良かったのに、明らかにモスキートをパクってるカルキンは、どこでどう間違えちゃったんだろう? しかもなぜそれで実用化できたんだろう?

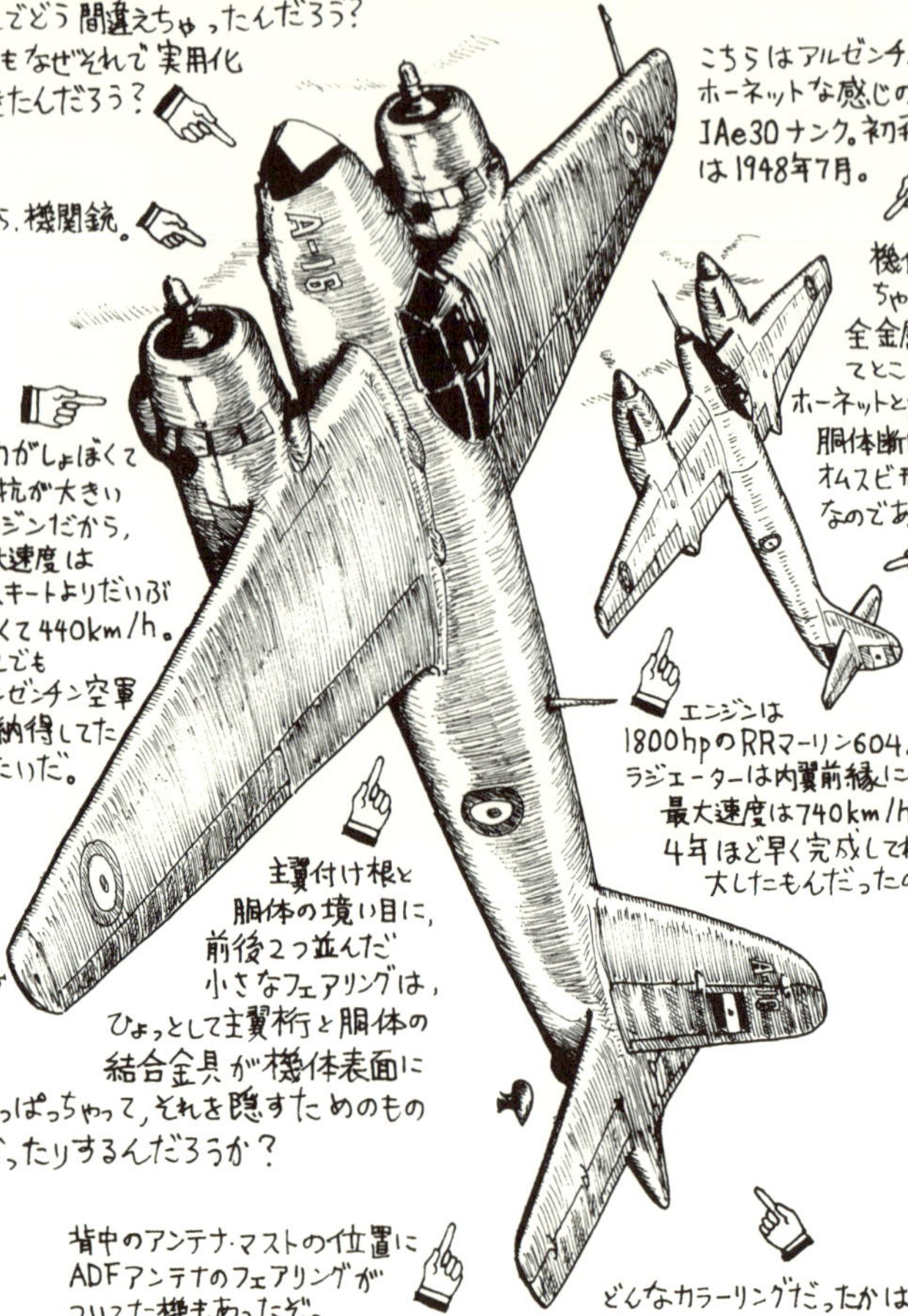

こちらはアルゼンチン版ホーネットな感じのIAe30ナンク。初飛行は1948年7月。

ほら、機関銃。

機体はちゃんと全金属製、てところはホーネットと違う。胴体断面はオムスビ形なのであった。

出力がしょぼくて抵抗が大きいエンジンだから、最大速度はモスキートよりだいぶ低くて440km/h。それでもアルゼンチン空軍は納得してたみたいだ。

エンジンは1800hpのRRマーリン604。ラジエーターは内翼前縁にある。最大速度は740km/h! 4年ほど早く完成してれば大したもんだったのに。

主翼付け根と胴体の境い目に、前後2つ並んだ小さなフェアリングは、ひょっとして主翼桁と胴体の結合金具が機体表面に出っぱっちゃって、それを隠すためのものだったりするんだろうか?

背中のアンテナ・マストの位置にADFアンテナのフェアリングがついてた機もあったぞ。

どんなカラーリングだったかは不明だけど、なんだか上面ダークグリーン、下面グレーかスカイブルーみたいな気がする。カルキンの写真はみんなこういう塗装。

[参考出品]
アルゼンチン空軍のダグラス(ノースロップ)8A-2攻撃機。

モスキートの絵と並べて“間違いさがし”にしても良かったかも。「ピトー管の位置が違う」とか「キャノピーの枠が変」とか、「尾部が長すぎる」とか。

飛行機を作ったことのある国には、アメリカやロシア（ソ連）、イギリス、フランス、ドイツ、イタリア、それに日本みたいな主要航空工業国以外にもいろいろある。中堅国としてはオランダとかポーランドがあるし、もっと工業力の小さい国ではラトビアやブルガリアもある。そんな国はもちろん技術者や経験が少なくて、エンジンとか装備品も国産が無いから、外国から輸入しなくちゃならないんだけど、それでも国の技術力の集大成として、精一杯の知恵と力で飛行機を作ってきた。だからといって、立派な飛行機ができるとは限らないところが世の中というもの。一所懸命に作った飛行機がやっぱりダメだったりする。例えばアルゼンチンのＩＡｅ24カルキン攻撃機のように。

頃は第２次世界大戦の中頃。アメリカもヨーロッパもアジアも戦争の真っ只中にあった。南アメリカは比較的平穏ではあったけど、アルゼンチンは周辺国のチリやブラジルと必ずしも仲が良いわけじゃなくて、それなりに国防力の整備や維持にも心配りをしなくちゃならなかった。当時のアルゼンチン空軍の主力攻撃機は、1937年に買った単発固定脚のダグラス８Ａ−２（アメリカ陸軍のＡ−17の輸出型、って言っただけじゃどんな飛行機かわからんな）だったが、その後継になる機体が欲しくなった。

でも輸入しようにもアメリカもイギリスも第一線機をアルゼンチンに売るような余裕はない。買えないなら自作するしかない。そこでＦＭＡ（ファブリカ・ミリタール・デ・アヴィオネス＝航空機工廠）で国産することにしたのだが、もちろんアルミニウムもなかなか手に入らないから、手近にある材料、つまり木材を使うことになった。第２次世界大戦当時に木製で攻撃機を作るとなると……そう、最高のお手本があった。我らがデハヴィランド・モスキートだ。

かくしてＦＭＡが１９４４年8月にまとめあげたＩＡｅ24は、モスキートそっくりの双発機になった。中翼配置も同じなら、一体構造の主翼をモノコックの胴体の下からはめ込む構造も同じ。方向舵の邪魔をしないように水平尾翼と昇降舵を少し後ろにしたところも同じ。脚の配置（ゴムのサスペンションじゃないけど）や、機首まわりの顔付きまでモスキート爆撃機型によく似てる。モスキートはこの頃はまだ輸出されてないから、言わば見よう見まねだろうな。

違うところはエンジンで、確実に入手できるエンジンとして、アメリカ製の空冷星型のプラット&ホイットニーＲ−１８３０−ＳＣＧツインワスプ（１０５０hp）にした。モスキートがロールスロイス・マーリンだったのに比べると、馬力は約２割減、空気抵抗も大きくなっちゃったな。あとは翼端が角張ってる形なのと、機首の下側に12・７㎜機関銃４門が付いてるところぐらいだ。寸法はモスキートよりちょっと小さくて、翼面積は9割ほど。その分重量も軽くて、最大離陸重量もだいたい8割ぐらい。

ＩＡｅ24は「カルキン」という名前が付いた。英語にするとRoyal Eagleですって。そういう鳥がいるのかな。それともトラでいうケーニヒス・ティーガーみたいな感じなのかな。何にせよＦＭＡとしてはこの「埼玉県で作ったモスキート」の設計が気に入って、ロールスロイス・マーリンを装備するＩＡｅ28という機体も計画した。こっちは結局実現しなかったけど。

ＩＡｅ24カルキンは１９４６年２月25日に初飛行、納得のいく性能だったので、テストおよび運用評価用の前量産機10機と量産機100機が作られることになった。前量産型は機体番号にEXという記号が付いて、1947年から実験飛行グループに配属された。量産機の機体番号はAが付き、第3攻撃連隊（レヒミエント3・デ・アタクェ）に集中配備された。

ところがこのカルキン、どうにも癖の悪い飛行機だった。縦・横・方向、どの安定性も足りないし、操縦性も怪しく、すぐ横転しちゃうのだ。そのせいでカルキンは部隊配備になってから次々に事故を起こした。ベテランのパイロットがうまく扱えばアクロバット飛行もできるんだが、新米パイロットが操縦したり、気を抜いたりすると、カルキンはたちまち言うことを聞かなくなっちゃうのだった。

そんなわけでカルキンの寿命は短く、1958年には全機の機体検査が命じられ、そのまま退役してしまった。ひょっとすると何か重大な構造疲労とか問題が出てきたのかもしれない。わからないけど。カルキンはそのまま解体されて、1機だけは数年間コルドバの空軍下士官教育学校で地上教材になってたけど、それも最後には斧で叩き壊されて消えてしまった。

せっかくのアルゼンチンの国産攻撃機なのに、カルキンは1機も現存してない。FMAのWebサイトにも写真が無くて、なんだかアルゼンチンとしても忘れたい飛行機なんじゃないか、とか思いたくなるけど、それじゃあんまりだな。

カルキンの後、FMAはマーリン双発の単座戦闘機IAe30ナンクという、まるで「埼玉県で作ったデハヴィランド・ホーネット」みたいな機体を作るけど、それも試作だけで終ってしまいました。

イラストで見る航空用語の基礎知識 basic knowledge ☞ アルゼンチン空軍

アルゼンチン空軍（Fuerza Aerea Argentinas＝フエルサ・アエレア・アルヘンティナス）の現在の主力，ロッキード・マーチン（元はマクダネル・ダグラス）A-4ARファイティング・ホーク。1997年から36機を導入した。最終生産型A-4Mの近代化改修型だな。

ブルーグレー濃淡2色の迷彩でかっこいい。

1935年の国産攻撃機，Ae.MB2ボンビ。最大速度285km/h。背中の銃座がチャームポイント。14機が作られたんだと。

アルゼンチンは早くから，自国で飛行機を作ってた。

アルゼンチンは南米じゃ大国で，その空軍も1912年に陸軍飛行隊として発足した。それが独立した空軍になったのは1944年のことだから，空軍としては，かのユナイテッド・ステーツ・エアフォースよりも古いぞ，ってことになる。

1940年代の主力戦闘機，カーチス・ホーク75O《オー》。

30機輸入して，さらに200機をライセンス生産した。

第2次大戦後の爆撃機として，イギリスからランカスターやリンカーンを買った。ジェット戦闘機はイギリスのミーティアやアメリカのF-86Fセイバーだった。

1943年の国産練習機，IA22"DL"。

ノースアメリカンT-6にさも似たり。

アルゼンチンはイギリスとはけっこう仲が良かったのに，1982年にフォークランド（マルヴィナス）諸島の領有をめぐって戦争をしちゃった。

現用のIA63パンパ練習機。日本のT-4の単発型みたいで，なかなかかわいい。

アルゼンチン空軍はA-4スカイホークやミラージュ，国産のプカラで戦い，イギリスの軍艦を沈めたりもしたけど，イギリスのシーハリアーにさんざんやられちゃった。

File No. 8

陸でダメなら海でもダメ

ボーイング・モデル264
Boeing Model 264

全幅：8.9m
全長：7.6m
自重：1,138kg
総重量：1,596kg
エンジン：プラット&ホイットニー R-1340-35ワスプ
　空冷星型9気筒(600hp)×1基
最大速度：402km/h
上昇限度：7,925m
航続距離：1,287km
武装：7.62mm機関銃×1門
　12.7mm×1門
　7.7kg爆弾×10発
乗員：1名
(データはYP-29)

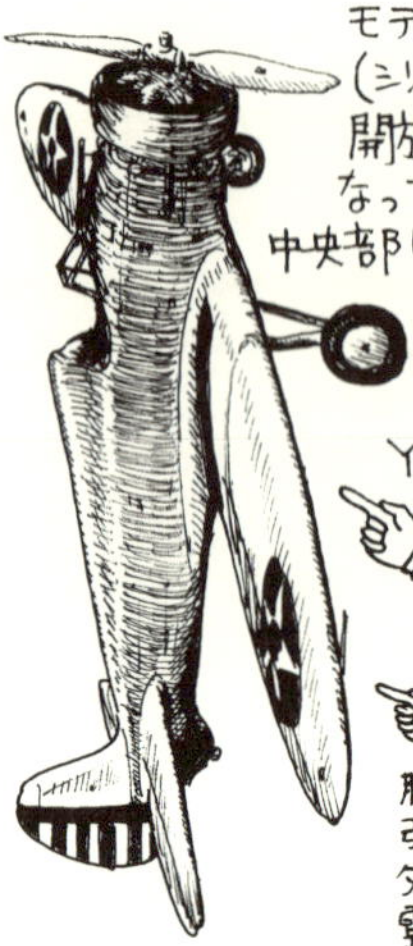

モデル264の3号機
(シリアル34-25)は、
開放式のコクピットに
なって、主翼下面
中央部に1枚ものの
スプリット・
フラップ
をつけて、
YP-29Bとして
完成したのであった。

脚は後方
引っ込み式で、
タイヤは半分
露出してた。

シリアル・ナンバーは34-24。

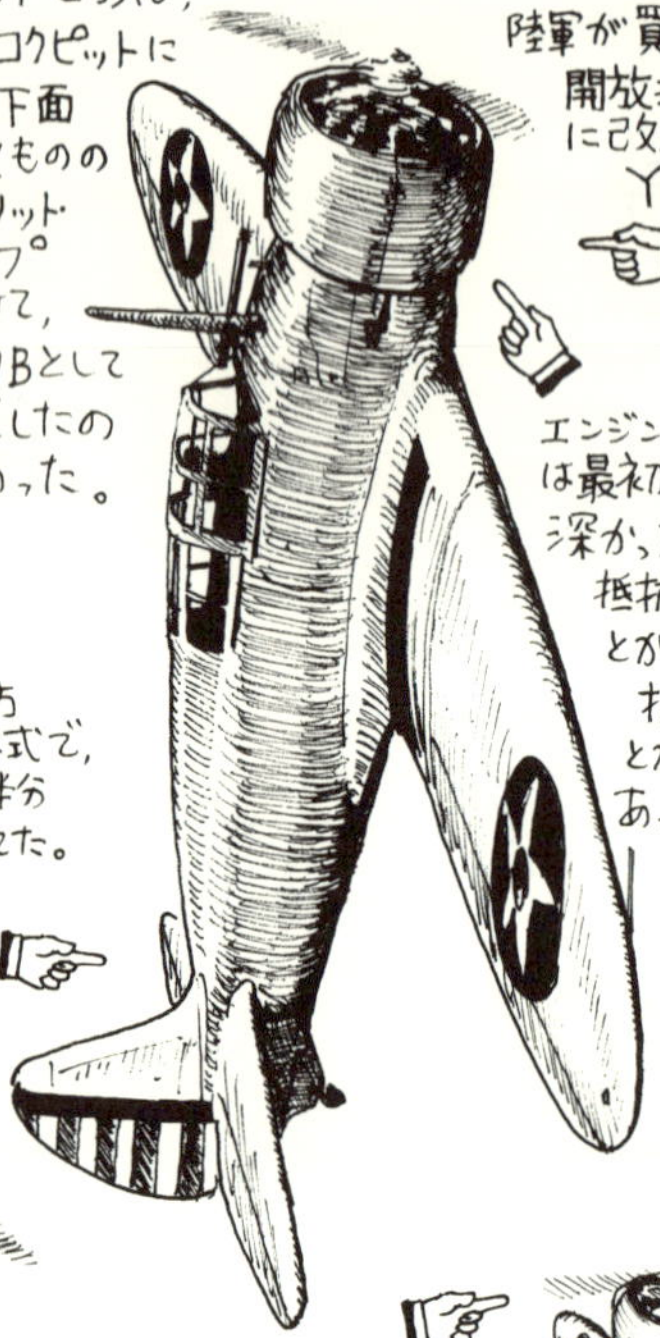

そもそものボーイング・モデル
264ことXP-940。後で
陸軍が買い上げて、
開放式コクピット
に改造されて
YP-29Aと
なった。

エンジンのカウリング
は最初はこんなに
深かった。これだと
抵抗が大きい
とか、冷却気の
抜けが悪い
とか、問題が
あったのかしら。

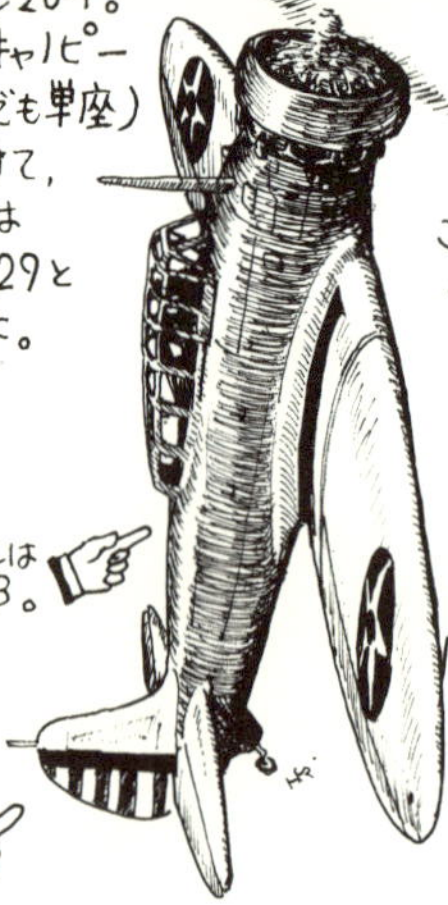

最初の
モデル264。
大型キャノピー
(これでも単座)
をつけて、
こちらは
YP-29と
なった。

シリアルは
34-23。

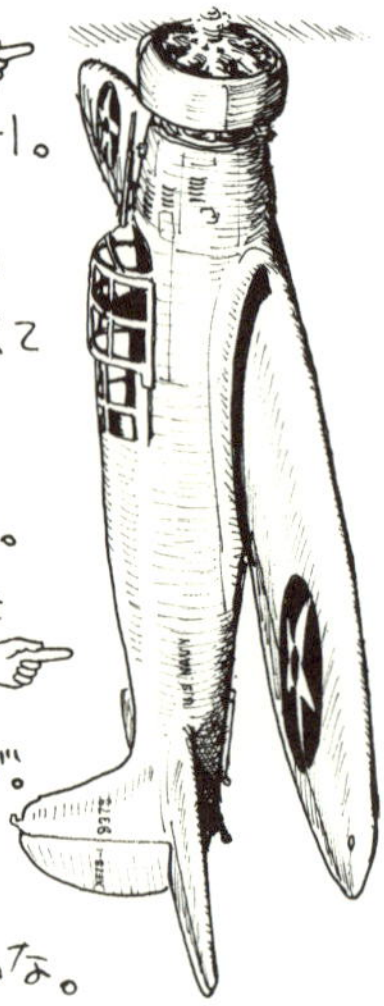

こちら海軍向けのXF7B-1。
全幅9.7m、全長8.4m、
総重量1656kgで、つまり
陸軍型XP-940より大きくて
重いのに、エンジンは
550馬力だから、性能も
それなりでしかなかった。

まあ、それなりに新時代を
予感しようとはしていた
みたいな姿ではある。
あくまでもそれなりに、だが。

こうしてXP-940〜XF7B-1を並べてみると、
なんだか単葉引っ込み脚戦闘機ってものの
あるべき姿を見つけようとする模索と迷走のようでもあるな。

どんなに多くの傑作機を送り出して、飛行機の長い歴史を推し進めてきたメーカーも、ダメ飛行機を作ってしまう運命からは逃れられないらしい。もちろんダメ飛行機ばかり作って、傑作機を残すことができなかったメーカーの方がそれよりも多いのであって、その意味では飛行機の歴史はダメ飛行機が織り成してきた、なんてことも言えないか。

そんなダメ飛行機たちが描く、ごちゃごちゃとやたら数ばかり多くて取りとめのない模様のつづれ織りの中には、なんと名門ボーイングの機体までも見つけることができる。モデル264戦闘機だ。このボーイング264、自社資金で開発され、傑作として名高いP−26戦闘機の構想をさらに発展させた機体にするつもりだった。そのP−26の原型モデル248は、やっぱりボーイング社の自主開発で製作されて、1932年に初飛行した。当時の複葉戦闘機全盛時代の中では珍しい単葉機だったが、主翼には張線があって、脚も固定だった。そうは言ってもさすがはP−12戦闘機を作ったボーイングの作品だけに、ちゃんと性能も運動性も良くて、P−26Aとして陸軍の主力戦闘機になった。

でもボーイング社としてはさらに先まで行こうと思ったのだな。もっと洗練して、速い戦闘機を作るのだ。すでにボーイング社は民間機の方ではモデル200モノメール郵便機で、単葉引き込み脚を実用化していたから、当然戦闘機の方も引き込み脚にしようとした。それがモデル264で、主翼は張線を無くした片持ち翼で、引き込み脚と合わせて抵抗が減る。ついでにP−26のオープンコクピットからちゃんとキャノピーで覆うようにした。これで速度性能は向上するはずだった。だけどなにしろ自社資金で作ってるから、お金をかけるにも限度がある。だからエンジンがP－26Aと同じなのは仕方がないっちゃ仕方がないし、後部胴体と尾翼の構造だってP－26シリーズと同じにするしかなかった。

ボーイング・モデル264はアメリカ陸軍からXP－940という試作名称をもらって、3機が作られることになった。1934年1月に最初に飛行したのはそのうちの2号機で、テストしてみると、やっぱりそこはそれ引き込み脚。速度はちゃんとP－26より27km／hも速かった。たった27km／hとか言っちゃいけない、P－26Aの最大速度が377km／hぐらいしか出ないんだから、これでも8％ぐらい上回ってることになる。

とはいっても、その8％だって代償が無いわけじゃなかった。片持ち翼にするってことは、張線が無い分、主翼の構造を頑丈にしなくちゃならない。引き込み脚だっていろいろと重量が増えるモトだ。かくしてXP－940はP－26Aよりも自重が142kgほど重くなってしまった。そもそものP－26Aの自重が996kgしかないから、これだけ増えても1割強重くなったことになる。それなのにエンジン出力が変わってないから、上昇限度は400m以上低くなったし、もちろん操縦性も低下してしまった。

アメリカ陸軍としては、ちょうど単葉戦闘機として新鋭ボーイングP－26の引き渡しが始まったばかりのことでもあり、ちょっと速いだけで上昇性能も操縦性も良くない新型機に切り替える気にはさらさらなれなかった。そんなわけでボーイングXP－940はあえなく不採用となってしまった。もっと開発資金をかけて、新しい軽量構造に挑戦したり、もっと強力なエンジンを使っていれば、速度だけじゃなくて上昇力や運動性でも文句を付けられない機体ができたかもしれないが、ボーイング社がそこまで思い切れなかったんだから仕方ないのかな。

あと密閉式のキャノピーの狭苦しさも軍の試験で不評だったので、2号機はコクピットまわりを大幅に、かつみっともなく改造して、YP−29の名でテストを受けたが、それで多少は乗り心地は良くなったものの、何が変わったというわけではなく、あとはフラップのテストとかに使われただけだった。

ボーイング社としては陸軍だけでなく、海軍の方にも単葉引き込み脚戦闘機の売り込みをかけた。それがモデル273ことボーイングXF7B−1で、陸軍向けのXP−940より先に1933年9月に初飛行した。しかし当時の海軍の主力艦上戦闘機は複葉のボーイングF6Bシリーズ（陸軍のP−12と姉妹関係だ）、しかも着艦性能とかに陸軍とはまた別の要求のある海軍の艦上機だけに、まだこの頃としては単葉機の採用に踏み切れる時期ではなかった。XF7B−1は着艦速度が速すぎることと前下方視界の悪いことが欠点として指摘され、フラップを追加して、コクピットを開放式に改めて再びテストされた。しかしやっぱり110m近い離艦滑走距離や113㎞／hの着艦速度では、海軍航空隊には気に入ってもらえず、ボーイングの単葉引き込み脚戦闘機は、結局陸軍にも海軍にも採用されずに終ってしまった。ボーイング社はこの後JSF計画のX−32まで何度か戦闘機に手を出したけど、どれも不採用。どうもこのXP−940で運命の分かれ道を曲がっちゃったのかもしれない。

イラストで見る航空用語の基礎知識 basic knowledge
戦前のボーイング

1930年代のボーイング社は、次々に全金属単葉引っ込み脚の飛行機を作った、先進的なメーカーだった。もちろん今でもすごい会社だけど。

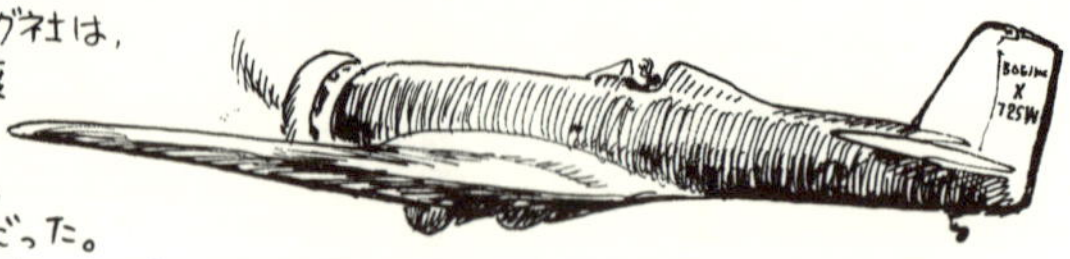

1930年の全金属単葉引っ込み脚の郵便機、モデル200「モノメール」。主翼と尾翼はグレーで、胴体と垂直尾翼のアウトラインはグリーンという塗装。

B-17やB-29、そしてB-52に至るはるかな道が、ここから始まったといえるわけであります。

アメリカ陸軍の爆撃機として初の単葉引っ込み脚の機体、Y1B-9。

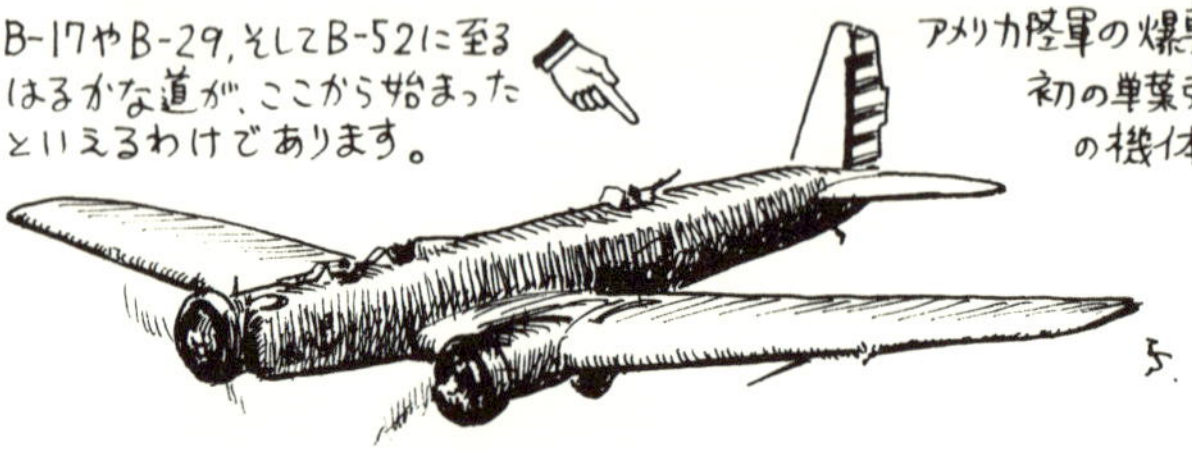

1933年のモデル247旅客機。やっぱり初の単葉引っ込み脚だったけど、乗客数や客室の広さじゃ、後から出てきたダグラス社のDC-2やDC-3に負けてしまった。

全体グレーというとても地味なカラーリングだった。

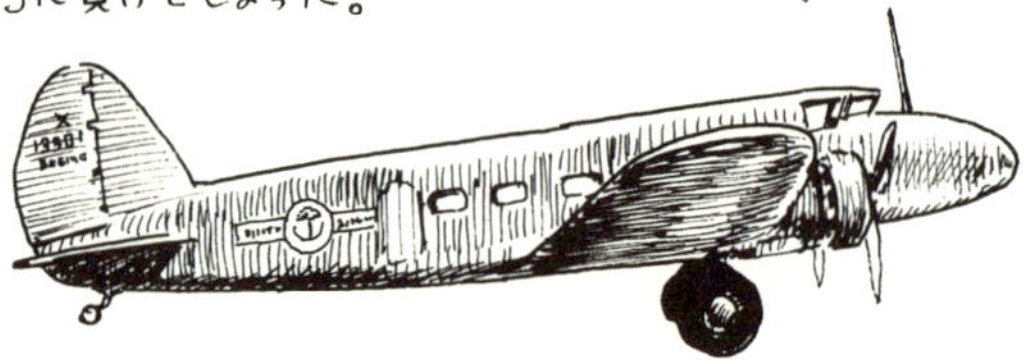

モデル307ストラトライナー。1938年初飛行で、4発、しかも与圧客室。当時の水準を突き抜けてた。

主翼や尾翼はB-17と同じ。いわばB-17のイトコみたいな機体。

TWAのロゴとかトリムは当然赤だ。

File No. 9

最後の複葉ダメ雷撃機

グレートレイクスXTBG-1

Great Lakes XTBG-1

全幅：12.8m
全長：10.7m
自重・総重量不明
エンジン：プラット&ホイットニー XR-1830-60
　　　　　空冷星型14気筒(800hp)×1基
最大速度：298km /h
実用上昇限度：5,430m
武装：7.62mm機銃×2門(固定×1門、旋回×1門)
　　　魚雷×1発または爆弾450kg
乗員：3名

エンジン後方の右側に
7.62mm機関銃が
ついてる。

1934年の試作計画だから、
日本式にいうと「九試艦攻」。
日本海軍よりちょっと先んじてるかも
しれないけど、駄作じゃあな。

実は
上下翼の
両方に
スプリット・
フラップが
ついてる。

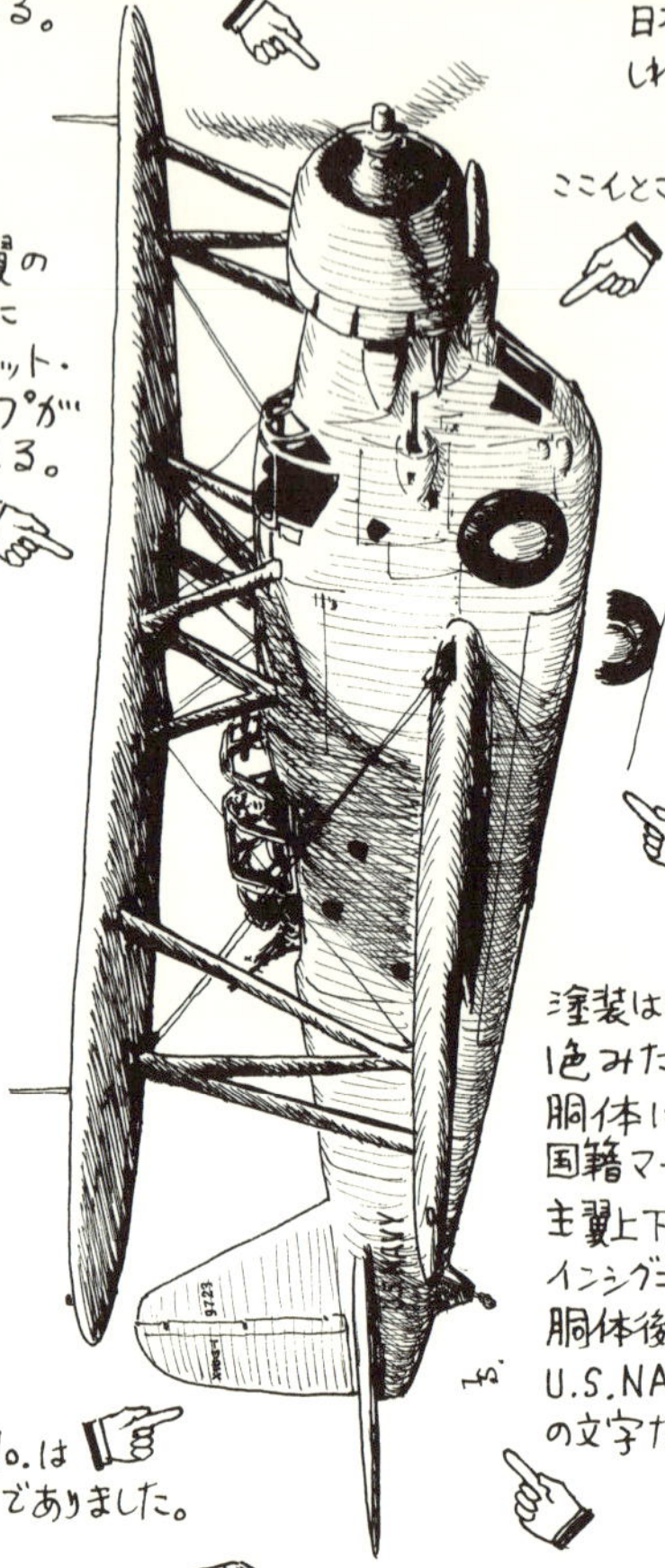

ここんところが、雷撃・爆撃の
ための照準席。

地上姿勢だと、このあたりに
主輪が下りてくるんだけど、
そうなると胴体爆弾倉の
ドアと地面（甲板）との
間隔がとっても
小さくなる。その狭い
隙間で、どうやって
魚雷を搭載したのか、
ヒトゴトながら
ちょっと気になるぞ。

塗装はライトグレー
色みたいで、
胴体には
国籍マークもない。
主翼上下面の
インシグニアと
胴体後部の
U.S.NAVY
の文字だけ。

Bu.No.は
9723でありました。

参考出品：
ホール・アルミニウム
XPTBH-2。
双発水上
雷撃爆撃機
なんてものを、
なんでまた
アメリカ海軍が…。

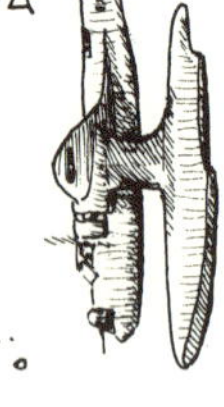

上の絵はキャノピーを開けて
飛んでるように描いたけど、
閉めるとこんな風になる
らしい。

飛行機ってもので空から魚雷を落としてフネを沈められることがほぼ明らかになったのは、1920年代ぐらいのことで、ちょうど同じ頃に航空母艦というフネから飛行機を発着させることもできるようになった。だから魚雷を積んだ飛行機を空母に載せるようになったのも当然の成り行きで、そーゆー飛行機を艦上雷撃機と呼ぶわけだ。

1934年、アメリカ海軍は新しい艦上雷撃機を作ろうとした。この時代のことだから、艦上雷撃機もそろそろ単葉引き込み脚にしたかったが、なにしろ狭い空母の甲板から発着するわけだから、離着艦速度をなるべく低くしたくもあって、それにはやっぱり翼面積の大きい複葉機の方がいい。そんなわけでおいそれとは単葉引き込み脚に踏み切るわけにもいかなかった。

そこでアメリカ海軍は、単葉引き込み脚と複葉機の両方を試作してみることにした。で、この時に試作されたのが単葉引き込み脚のダグラスＸＴＢＤ−1と、複葉引き込み脚のグレートレイクスＸＴＢＧ−1だった。

実を言うとアメリカ海軍は同時期に双発水上雷撃機も試作させている。日本海軍の陸攻みたいに、どこかの前進基地から戦闘のある海域まで長距離を飛んで、魚雷を落とそうというわけだ。海戦で使う雷撃機なら、空母からの艦上機以外でもいいじゃないか、と考えたのだな。それがホール・アルミニウムＸＰＴＢＨ−2双発水上雷撃機で、この長ったらしい機種記号は、Ｘが試作機、ＰＴＢが哨戒・雷撃・爆撃機、Ｈがホール・アルミニウム社を示している。正式発注前に設計変更があって−2となったそうだ。

で、この艦上雷撃機2機種と双発水上雷撃機の中で、最もダメだったのが一番保守的なグレートレイクスＸ

ＴＢＧ―1だった。このグレートレイクスという会社、マーチン社がメリーランド州バルチモアに引っ越した後の、オハイオ州クリーヴランドの元工場を買い取って１９２８年に設立された。５大湖の一つ、エリー湖畔にあるからグレートレイクスだな。最初の量産発注はマーチン社からＴ４Ｍ艦上雷撃機の設計を買い取ってちょっと改良したＴＧ―1で、その後は小型の民間用スポーツ機を小数作り、１９３２年には複葉固定脚の急降下爆撃機ＢＧ―1を設計、これは60機が生産された。

問題の雷撃機、ＸＴＢＧ―1はパイロットと航法手、雷撃手の３人乗りだが、雷撃手の座席位置が妙に凝っていた。他の２人が胴体中央のコクピットに座るのに、雷撃手は機首のエンジン後方に独立したコクピットを与えられて、しかも照準する時には機首下面、エンジン直後の窓の所に下りていくようになっていたのだ。こうすれば雷撃手が索敵する際の下方視界も主翼に妨げられなくて具合がいいし、照準だって付けやすい、という理屈らしい。どうせ飛行性能じゃ単葉引き込み脚にかなわないだろうから、雷撃機としての便利さで勝とうとしたんだろうが、エンジンのすぐそばに乗る雷撃手は騒音と振動でたまったもんじゃなかったろうな。

それを除けば、ＸＴＢＧ―1はもっさりした複葉機で、機体は全金属製、主脚は胴体側面に引き込むようになっていた。当時のグラマンＦ２Ｆ艦上戦闘機と同じ手法だ。脚を収納するために機首下面から後方の胴体腹部が膨らんで、そこに爆弾倉を設けて魚雷を胴体内に収めるようにした。翼幅12・８ｍ、全長10・７ｍだから、複葉機のくせに後の単葉機ダグラスＳＢＤドーントレスと同じくらいの大きさ。機体重量は不明だが、エンジンは８００hpのプラット＆ホイットニーＸＲ―１８３０―60ツインワスプだった。

ＸＴＢＧ−１は１９３５年８月に初飛行した。競争相手の単葉機ダグラスＸＴＢＤ−１より４ヶ月ほど遅れたけど、問題は時間の差には無くて、そもそもの機体の出来の差にあった。ＸＴＢＧ−１は安定性が足りなくてうまく飛ばない。せっかく雷撃機として便利なように作ったのに、まず飛行機として不便だったのだな。それにもちろん性能でもＴＢＤ−１に負けた。最大速度はＴＢＤが３３０㎞／ｈだったのに、複葉のＸＴＢＧ−１は２９８㎞／ｈが精一杯だったし、上昇限度もＴＢＤ−１の６８５５ｍに比べて、ＸＴＢＧ−１は５４３０ｍまでしか上がれなかった。

これで競争相手が失敗作ならともかく、ダグラスＴＢＤがちゃんとした機体だったから、ＸＴＢＧ−１に勝ち目はなかった。量産発注は当然ダグラス社に与えられて、ＸＴＢＧ−１の方は試作だけで終ってしまった。ただアメリカ海軍最後の複葉雷撃機という歴史上の位置だけが残ったが、別にそのことに特に意味は無いな。

グレートレイクス社はＢＧ−１を引き込み脚にした改良型ＸＢ２Ｇ−１を１９３６年に試作するけど、それも不採用になって、同年にとうとう会社をたたんでしまう。ＢＧ−１急降下爆撃機の製造権や施設は１９３７年に競売にかけられて、新しく創設されたベル社に買い取られている。そのベル社がヘリコプターで成功するまで数々のダメ飛行機を作るのは、まあ一応グレートレイクス社とは関係の無い話だ。

イラストで見る航空用語の基礎知識 basic knowledge ☞ 魚雷

「魚雷」とは、実を申せば「魚形水雷」の略で、水雷というのは、まあ、水中で敵をやっつけるための爆発物、ってなところだ。それがサカナみたいな流線形をしてて、水中を走るんだから「魚形水雷」となりました。

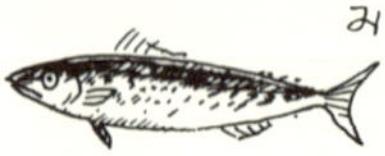

(サカナの例)

ちなみに、「機雷」とは「機械水雷」の略だ。じゃあ機械ですらない、タダの水雷、ってどんなのよ？

飛行機として初めて魚雷で敵のフネを沈めたのは、イギリス海軍のショート・タイプ184。
1915年8月12日、ガリポリ沖でトルコの輸送船に魚雷を命中させて撃沈した……でも、このフネ、すでにイギリス潜水艦の攻撃で損傷してたんだそうな。

2つのフロートの間に、ホワイトヘッド魚雷を抱えてる。

1935年からアメリカ海軍が使ってた航空機用の魚雷Mk13は、
全長4.1m、直径64cm、
ウェット・ヒーター式動力で、
速力は最大33.5ノット、
最大射程5.8km、
重量1,005kg、
弾頭重量262kg
だった。

XTBG-1に勝ったダグラスTBD-1デヴァステイター。
でもミッドウェー海戦じゃひどい目に会った。

File No. 10

フランスの腐乱した名門

ブレリオ・スパッド710

Blériot SPAD 710

全幅：8.8m
全長：6.5m
自重・総重量：不詳
エンジン：イスパノスイザ12Ycrs
　　　　　液冷V型12気筒（860hp）×1基
最大速度：470km/h（推定）
武装：20mmエリコンHS9機関砲×1門
　　　7.5mm MAC34機関銃×4門（翼内）
　　　7.5mm MAC34機関銃×1門（胴体後部？）
乗員：1名

ラジエーターをこんな機首の正面につけちゃって、抵抗が増えてもかまわないのか、フランス人？ このラジエーター配置が後のカーチスP-40やフォッケウルフFw190Dに影響を与えたことは、たぶんなかったんじゃないかな。

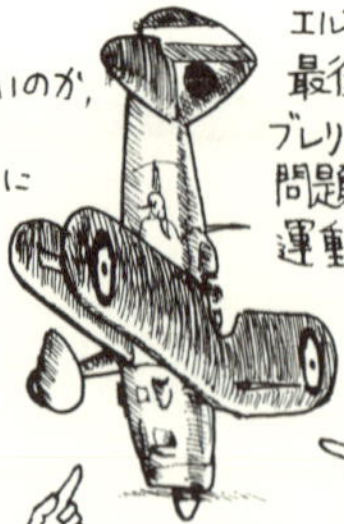

エルブモンの前作、フランス空軍最後の実用複葉戦闘機、ブレリオ・スパッド510。安定性の問題解決に長くかかった。運動性は良かったそうだが、振動が多くて、構造もキャシャだったそうな。

上面ダークグリーン、他は無塗装か銀色。

フランスの戦闘機って、1920年代からパラソル翼とかで、単葉が多かったけど、これみたいに、別に複葉がイヤ、ってわけじゃなかったみたいだ。

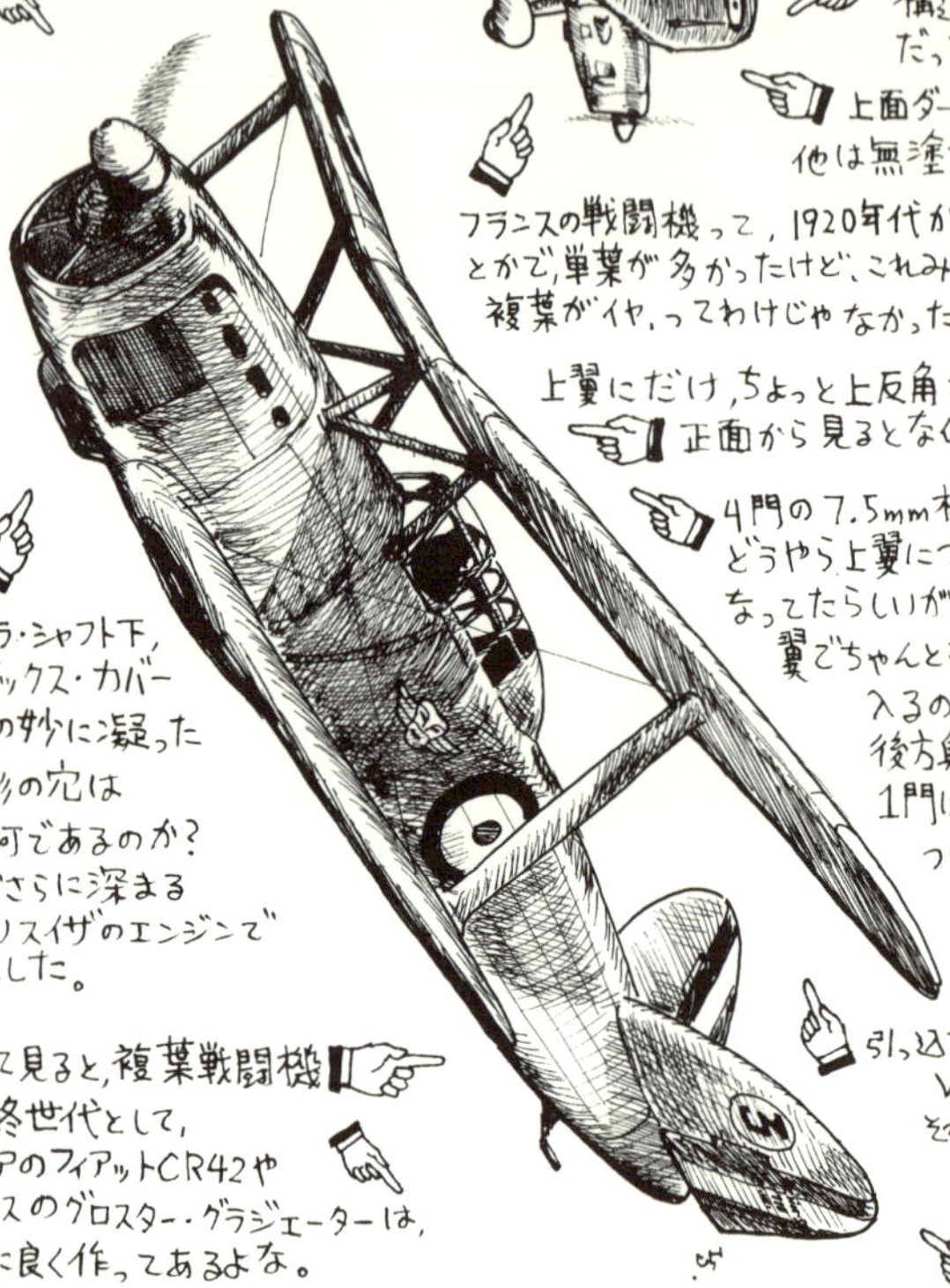

上翼にだけ、ちょっと上反角がついてて、正面から見るとなんだかヘン。

4門の7.5mm機関銃はどうやら上翼につけることになってたらしいが、こんな薄い翼でちゃんと機関銃が入るのか？ それと後方射撃用の1門はどこにどうついたんだ？

プロペラ・シャフト下、ギアボックス・カバー正面の妙に凝った✳形の穴は一体何であるのか？ 謎がさらに深まるイスパノスイザのエンジンでありました。

引っ込み脚にして、V尾翼にして、それでもまだ張線を残してやんの。

こうして見ると、複葉戦闘機の最終世代として、イタリアのフィアットCR42やイギリスのグロスター・グラジエーターは、マジメに良く作ってあるよな。

舵の一番後ろのちょっと尖った部分がトリム・タブになってたようだ。

ブレリオ・スパッド710を上の方から見ると、こんな風であった。世が世であれば、これがBf109Eと渡り合うことになってたはずだが、フランス空軍のためにそうならなくて良かったな。結果は同じだとしても。

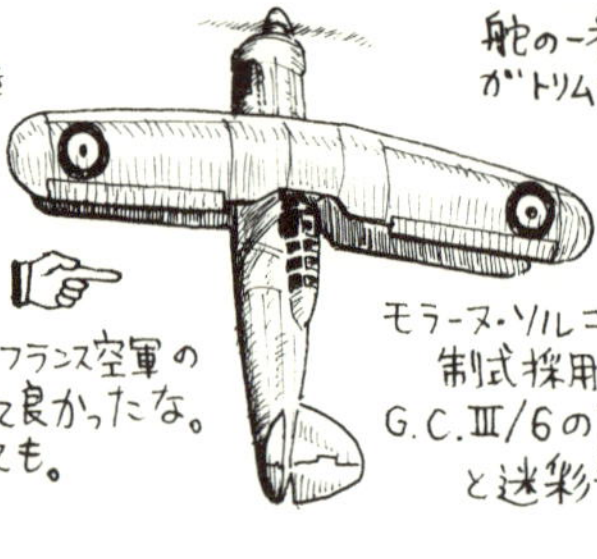

無塗装銀色のフランス試作機仕上げじゃあんまりにナニなので、モラーヌ・ソルニエMS406の代わりにこっちが制式採用になってたら、というつもりで、G.C.III/6の第6エスカドリルのマーキングと迷彩塗装にして描いてみました。

ライト兄弟の後、1900～1910年代の世界の航空界をリードしたのは、アンリ・ファルマンとかルイ・ブレリオ、それにクレマン・ドペルデュッサンみたいな有名な飛行家がたくさんいたフランスだった。その後の第1次世界大戦でも、フランスのニューポールやスパッドの戦闘機はドイツのフォッカーやファルツと互角以上の性能を示して、まあこの時期がフランス航空史の黄金時代だったんだろうな。それでも当のフランス人に言わせると、1897年にクレマン・アデールが〝人類初の動力飛行〟に成功して以来、21世紀の今日に至るまで、フランスの飛行機がずーっと世界一なのだ、とかなんとか言うんだろうけど。

ところがたとえフランスに沙羅双樹が無くったって、盛者必衰は世の習い。フランスの老舗の航空メーカーは、1930年代には爛熟を通り越して腐乱に近付いちゃって、作るのはろくでもない飛行機ばかりになっていた。そんな腐乱死体の一つがブレリオ・スパッド710だ。

そもそもスパッド（SPAD）とは、ソシエテ・プロヴィゾワール・デ・ザヴィヨン・ドペルデュッサンの略だから、つまり1900年代に空力的に洗練された単葉高速機を数々作ったドペルデュッサンにつながってる。スパッドの戦闘機と言やあ第1次世界大戦じゃ高速性能で知られたもんだ。ブレリオも初のドーバー海峡横断飛行に成功した飛行家で、ブレリオの作った飛行機は1900年代の傑作機だった。そのスパッド社が1921年にブレリオに吸収されて、できたのがブレリオ・スパッド社。フランス的には名門メーカー二つが合流したんだから、今で言うとロッキード・マーチンみたいなもんか。

ところがその主任設計者、アンドレ・エルブモンは第1次世界大戦じゃスパッドS.ⅦやS.Ⅷといった傑作の数々を生み出したのに、1920年代になったらスランプに堕しちゃったのか、不採用の連続。1930年計画のブレリオ・スパッド510が初飛行から2年もたった1935年にやっと採用されたぐらい。

それでも、いや、それだからか、ブレリオ・スパッドとアンドレ・エルブモンは、1934年のC1計画、つまり単座戦闘機計画に新型戦闘機で応えようとした。この計画では、ドヴォワティーヌD513やニューポールLN161といった他社の応募作がどれも単葉引き込み脚だったのに、ブレリオ・スパッド710だけは複葉だった。複葉の運動性の良さを捨て切れなかったのか、エルブモンが単葉機に自信が無かったのかは不明だが、ブレリオ・スパッド710、単なる保守的な複葉機じゃなかった。

機体は全金属製で、胴体なんかモノコック構造、主脚は下翼に外方引き込み、キャノピーも密閉式だ。それどころか、ブレリオ・スパッド710はV型尾翼、つまり垂直尾翼と水平尾翼じゃなくて、2枚の尾翼が斜めに付いてたのだ。これで重量も空気抵抗も少なくて済む、という案配だ。複葉戦闘機としてはずいぶん思い切った機体だが、そこまで思い切るなら、いっそ単葉にしたって良かろうにな。

エンジンは液冷V型12気筒のイスパノスイザ12Ycrs(860馬力)だからドヴォワティーヌD513なんかと同じ。武装はプロペラ軸内の20mm機関砲1門と主翼内の7.5mm機関銃4門、しかも実は単座戦闘機でありながら、後方射撃用の7.5mm1門がどっかに付くことになっていた。どう撃つんだろう?

で、ブレリオ・スパッド710は1937年4月に初飛行して、6月には脚を出したままで水平飛行で300km/hを越えてみせた。でも、実はそれより1年半も前に1934年C1計画の最優秀作、あるいは唯一の成功作、モラーヌ・ソルニエMS405が飛んでいて、すでに16機の前量産機まで発注されていたから、C1計画の勝負は付いていたようなもんだ。

ところが6月15日のテストで、高度200mを飛んでいたところ、V型尾翼に激しいフラッター（勝手に起こる振動で、放っておくとどんどん激しくなる）が起きて、ブレリオ・スパッド710の機体は空中分解して、墜落してしまった。パイロットのルイ・マソットも死亡した。普通なら設計段階のテストで防止策がとられるんだが、舵部分のバランスが変だったのか、尾翼の外板が薄すぎるとかで剛性が足りなかったのか、とにかく設計の間違いが原因だったようだ。妙な尾翼にしたのが災いしたかも。アンドレ・エルブモンときたら、前作の510でも安定性や振動が問題になったくらいだから、ひょっとすると設計の勘どころが狂っちゃってたんじゃないだろうか。

たった1機の試作機がこうして失われて、しかも単葉引き込み脚のMS405がだいたいうまくいきそうだったから、フランス空軍としては、もうこれ以上ヘンな複葉機につきあうつもりもなくて、ブレリオ・スパッド710はそれっきり開発中止になった。ブレリオ・スパッド710はフランス最後の複葉戦闘機で、しかもブレリオとスパッドの名前の付いた最後の飛行機でもあった。フランス航空史の巨星二人の名前は地に堕ちて、栄光も消えたのでありました。

イラストで見る 航空用語の基礎知識 basic knowledge ☞ V型尾翼

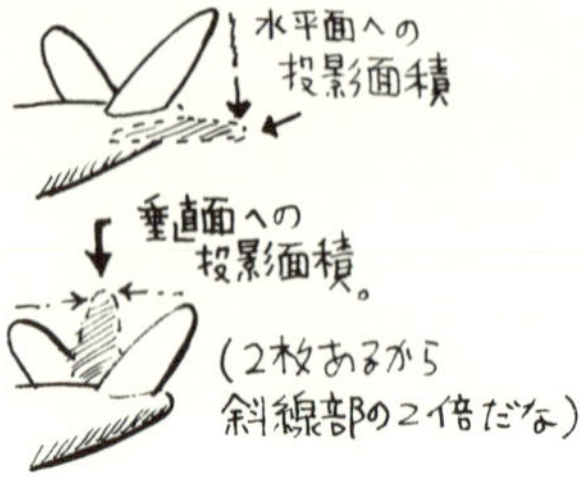

普通の垂直尾翼と水平尾翼の合計3枚のかわりに、斜めの2枚の尾翼ですませちゃうのがV形尾翼。でも垂直・水平それぞれの尾翼としての有効面積は、垂直面、水平面への投影面積になっちゃうから、面積としては多少損ではある。

でもまあ、尾翼が2枚ですめば、抵抗も重量も少ないし、部品も少くなる。それに胴体と尾翼の干渉も少くて、空力的なトクもあるのだ。

V尾翼の舵はラダー(方向舵)とエレベーター(昇降舵)がいっしょになってるんで、ラダベーターという。これを左右で逆に動かすと昇降舵、同方向に動かすと方向舵として働く。そりゃそれでいいんですけど、操縦性に問題があった場合の修正は、なにしろ2種類の舵が一つになってるんで、大変だ。操縦メカニズムもややこしくなるしな。

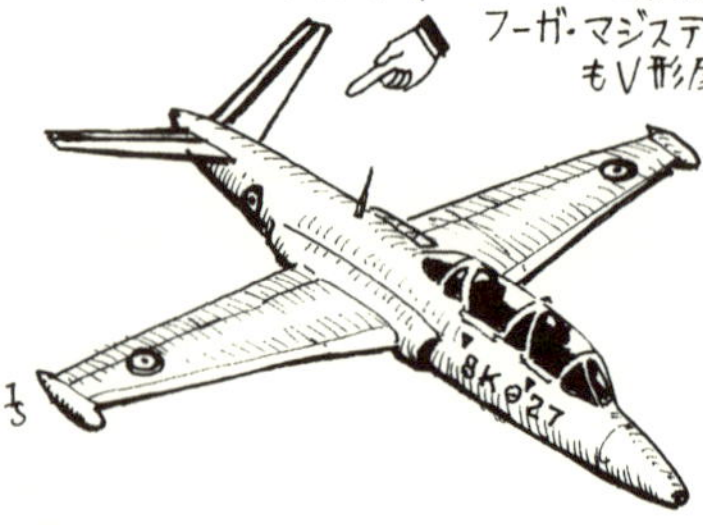
1950年代のフランスの練習機、
フーガ・マジステール
もV形尾翼。

ビーチクラスト・ボナンザは、
最初はV形尾翼だったけど、
後にモデルチェンジして普通の

YF-23のV形尾翼は
ステルス性が求められた
せいでもあるんだろうな。

File No. 11

何かに なるはずだったんだろうか?

IMAM Ro57

IMAM Ro57

全幅：12.5m
全長：8.8m
全高：2.9m
自重：3,505kg
総重量：4,585kg
エンジン：フィアットA74 RC38
空冷星型14気筒(870hp)×2基
最大速度：457km/h
実用上昇限度：8,850m
航続距離：930km
武装：12.7mmブレダSAFAT機関銃×2門
500kg爆弾×1発
および100～160kg爆弾×2発
乗員：1名

Ro57の試作機はこうでした。
量産機とはコクピットまわりが違うし，
性能もこっちの方がずいぶん良かった。

高度6000mまで
12分45秒……
とほほ。

機首～胴体前部がわかる
ように描いてみました
ファスケス・マークはこんな
位置だから，横から見ると，
たいていエンジンの陰に
なって見えない。

尾輪は
引っ込み式
だった。

水平尾翼に
支柱が
あったり，
尾輪が
固定式
なのに，
ていねいに
フェアリングが
ついてたり，
細かいところが
妙だ。

たぶんサンドに
グリーンの
マダラ迷彩
だろうと
思うけど。

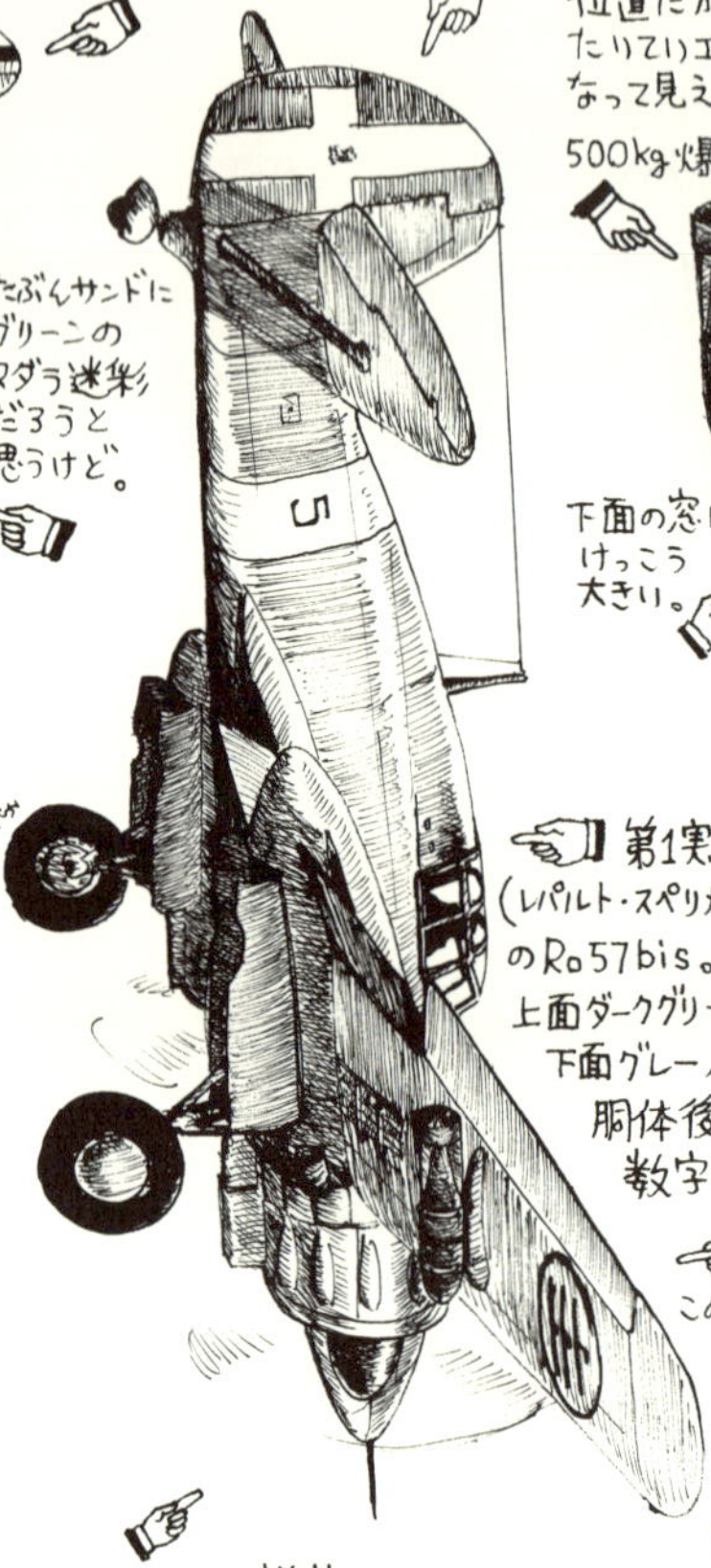

500kg爆弾ね。

下面の窓は
けっこう
大きい。

第1実験隊
（レパルト・スペリメンターレ）
のRo57bis。塗装は
上面ダークグリーン，
下面グレー，スピナが黒で，
胴体後部の白帯の中の
数字は赤。

最高速度516km/h，
高度6000mまで
7分6秒っていう性能
だから，なかなかのもの
だったようだ。

それにしても，
このころのイタリア機
って，カウリングに
シリンダー・ヘッド
のフェアリングを
出っぱらせるの
が好きだなあ。

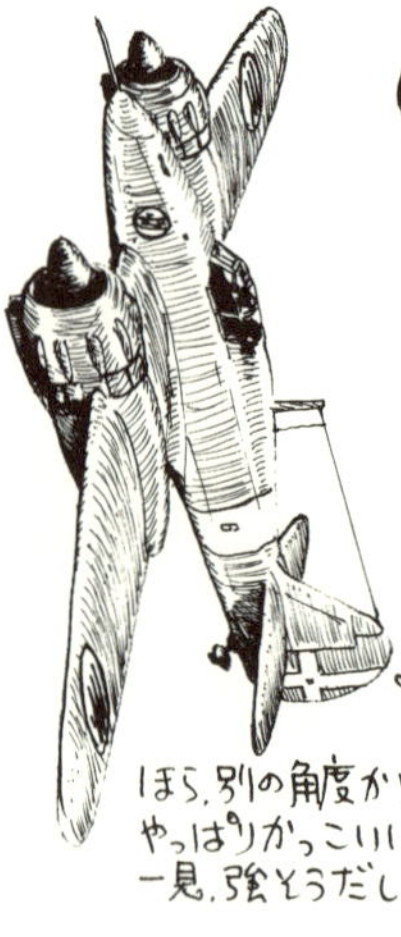

とんがった機首とか，ふつりあいに大きな
エンジンとか，基本的にはかっこいいのに，
武装もショボければ性能も悪い，
っていうのがアワレさそうな。

ほら，別の角度から見ても
やっぱりかっこいいぞ。
一見，強そうだし。

少くともシリアルMM75315の1機は，
機首下面に2門の20mm機関砲
を装備して，こうなった。

以前，MGメイトにどなたかがRo57を
イラスト投稿されてて，「や，やられたっ」と思いました。

第2次世界大戦の前後に各国で双発単座戦闘機が流行りかけたことがあった。ちょうど単発戦闘機が1000hp級エンジンを使い始めた頃のことで、さらに上の性能を目指そうとすると、2000hp級エンジンは当分実現しそうもない。じゃあ既存のエンジンを2つ使えば馬力は2倍、性能が格段に良くなるだろう、と思うと実はそうもいかない。機体が大きく重くなるし、抵抗も増える。双発で馬力を増やしたメリットはすぐに雲散霧消しちゃう。だからその分、機首に強力な武装を集中できるとか、単なる性能以外の部分に双発の利点を発揮させなくちゃならない。つまり双発単座戦闘機が成功するためのツボはごく小さかったのだな。

それでもアメリカ海軍のグラマンF5Fとか、イギリスのウェストランド・ホワールウインドとかが双発単座戦闘機に果敢に挑んでは敗れていった。そしてもう一つ、イタリアからの挑戦者があった。IMAM Ro57だ。

IMAM社、つまりメリディオナリ機械および航空工業会社は、偵察機とか水上機とか地味な飛行機をいろいろ作ってきたメーカーだ。この会社、主任設計者ジョヴァンニ・ガラッソを中心に1930年代末に双発単座戦闘機を設計した。イタリア空軍からどんな要求があったか不明だが、同期の他のメーカーの設計案も伝わってないから、ひょっとして自主開発だったかも。Ro57はイタリア機としては初めて主翼に箱型構造の桁を採用するとか進歩的な設計で、それなりに注目すべき機体だったようだ。エンジンは当初フランス製のノームローン14Mマルスを予定してたそうだけど、もちろん自国製のフィアットA74RC38に変更になった。

Ro57試作機は1939年初めにアルド・リガボの操縦で初飛行した。テストでの性能や飛行特性はおおむね好評で、単発戦闘機マッキMC200にも劣らぬ性能だったそうだ。でもそれって裏返せば、エンジン2基使った性能向上が無かった、ってことじゃないのか？　しかも実はRo57の武装は12・7㎜機銃2門のみ。それって単座戦闘機のMC200と同じで、ここでも双発の意味が無かったんじゃないのか？

初飛行までほぼ順調だったRo57だったが、イタリア空軍はなぜか量産発注を出さずに、そのままRo57はテストを重ねることとなった。そろそろイタリアも戦争に飛び込んで、戦闘機がいろいろ欲しい戦況だったろうに、Ro57は言わばほったらかし状態だった。どうもイタリア空軍は双発戦闘機をどうしたいか、何も考えてなかったのかもしれない。

それが1941年になると、急にRo57を急降下爆撃機として量産することに決まった。イタリア空軍にはまともな急降下爆撃機がなくて、サヴォイア・マルケッティSM85はロクでもない失敗作だったから、その代わりになる機体が欲しかったんだろう。急降下爆撃機型Ro57bisは、胴体下に500kg、両翼下に100〜160kg爆弾を吊り下げて、主翼下面のナセル外側にブラインド型ダイヴブレーキを追加、コクピット下の胴体下面には窓が設けられた。ところがエンジンはそのままだったから、爆弾を積んで重量が増えた分、性能が低下した。取り柄の上昇性能はもちろん、航続距離も減ったし、縦安定があんまり良くなかったから急降下爆撃の精度も不確かだった。しかもエンジンのクセか、プロペラ回転方向と同じ右側のエンジンだけ、やたらとオーバーヒートを起こすのだった。

Ro57bisは最初250機が発注されたらしいが、1942年秋以降その数は次第に減らされて、

1943年1月には最終的に110機になったようだ。それもイタリアがだいぶ追い詰められた時期のことだから、実際に何機が生産されて引き渡されたか、実はよくわからない。

とにもかくにも、1943年2月にはRo57bisの最初の実戦部隊、独立第97グルッポがラウール・ズコーニ少佐の下にローマ近郊チアンピーノ基地に編成された。部隊はシシリーに近いカラブリア島クロトーネ基地に進出して訓練を続けたが、パイロットの養成不十分のせいで事故が多く、補充もされたようだが、1943年7月の時点で保有機15機、可動10機。しかも部隊はまだ実戦可能になっていなかった。

クロトーネ基地にはRo57bisの他にも、シシリー島防衛のためにいろんな部隊が展開していた。ところが7月13日、アメリカ陸軍のB-24爆撃機が基地に猛爆を加えた。シシリー島上陸作戦のための準備爆撃の一つだな。イタリア側はまったく不意を突かれ、壊滅的な被害を受けた。Ro57bisも10機あまりが失われ、飛べるのは4機だけになってしまった。

生き残り4機はマンテッリ大尉に率いられて、ローマ近郊のタリキニア基地に撤退していった。隊長機以外はエンジンが不調で片発のまま飛んでいったとか。それ以後、Ro57bis急降下爆撃機の消息はたどれなくなった。イタリア敗北の混乱の中、どこかで消えてしまったようだ。

かくしてRo57双発単座戦闘機は、何をしたいんだかよくわからないまま、成り行きで急降下爆撃機になって、それも結局何もしないままに終ってしまったのだった。

シシリー島上陸作戦

北アフリカのドイツ・イタリア軍を打ち破った連合軍は，イタリア本土への侵攻に先立って，まずシシリー島の攻略にとりかかった。
シシリー島上陸の"ハスキー作戦"は1943年7月9日に開始された。上陸兵力およそ20万人，航空機およそ4000機が投入された。

アメリカ陸軍第57戦闘グループ第66戦闘飛行隊のP-40F。

アメリカ軍はP-38やP-40，スピットファイア，B-17，B-24，B-25，A-20とかを投入した。

ほほ，またバルチモアを描いてしまいました。

上陸の前，6月15日から連合軍航空部隊は準備作戦を始め，イタリア・ドイツ軍の航空基地19カ所と補助基地となる滑走路12カ所に激しい爆撃を加えた。

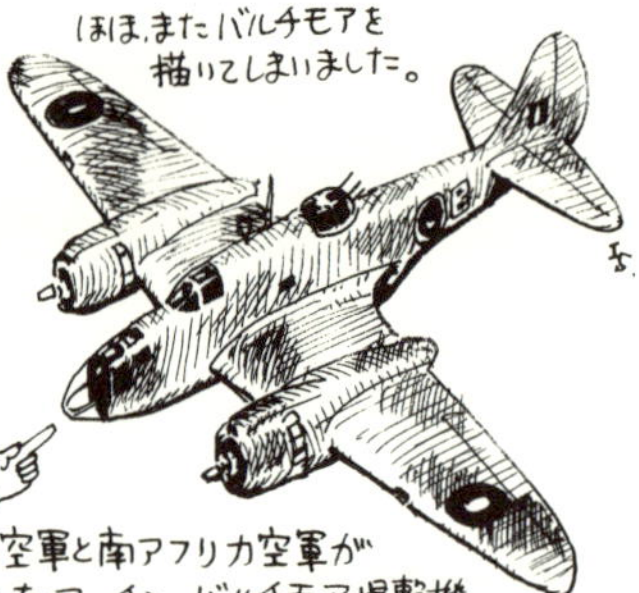

イギリス空軍と南アフリカ空軍が使ってたマーチン・バルチモア爆撃機。

第1ストルモ第88スクァドリグリアの所属機。

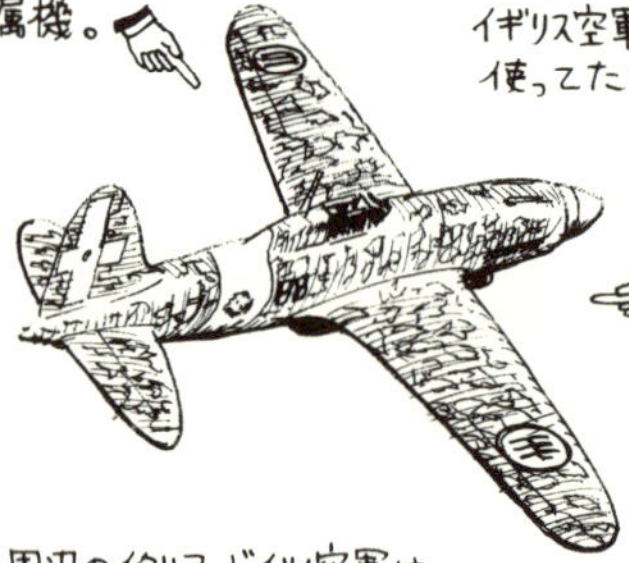

イタリア空軍の最精鋭，マッキMC205ヴェルトロもシシリーに配備されてたけど，しょせん多勢に無勢。

シシリー島周辺のイタリア・ドイツ空軍は，ほとんど抵抗する機会もなかったが，連合軍の不手際で，枢軸軍地上兵力の多くがまんまとシシリー島からイタリア本土に逃れた。

File No. 12

いつも理想の先には素っ頓狂

シュド・エストSE100

Sud-Est SE100

全幅：15.7m
全長：11.8m
全高：4.3m
自重：5,732kg
総重量：7,679kg
エンジン：ノームローン14N
　　　　　空冷星型14気筒(1,030hp)×2基
最大速度：580km/h
航続距離：1,300km
武装：20mmイスパノスイザHS404機関砲×5門
　　（胴体固定×4門、後部旋回×1門）
乗員：2～3名

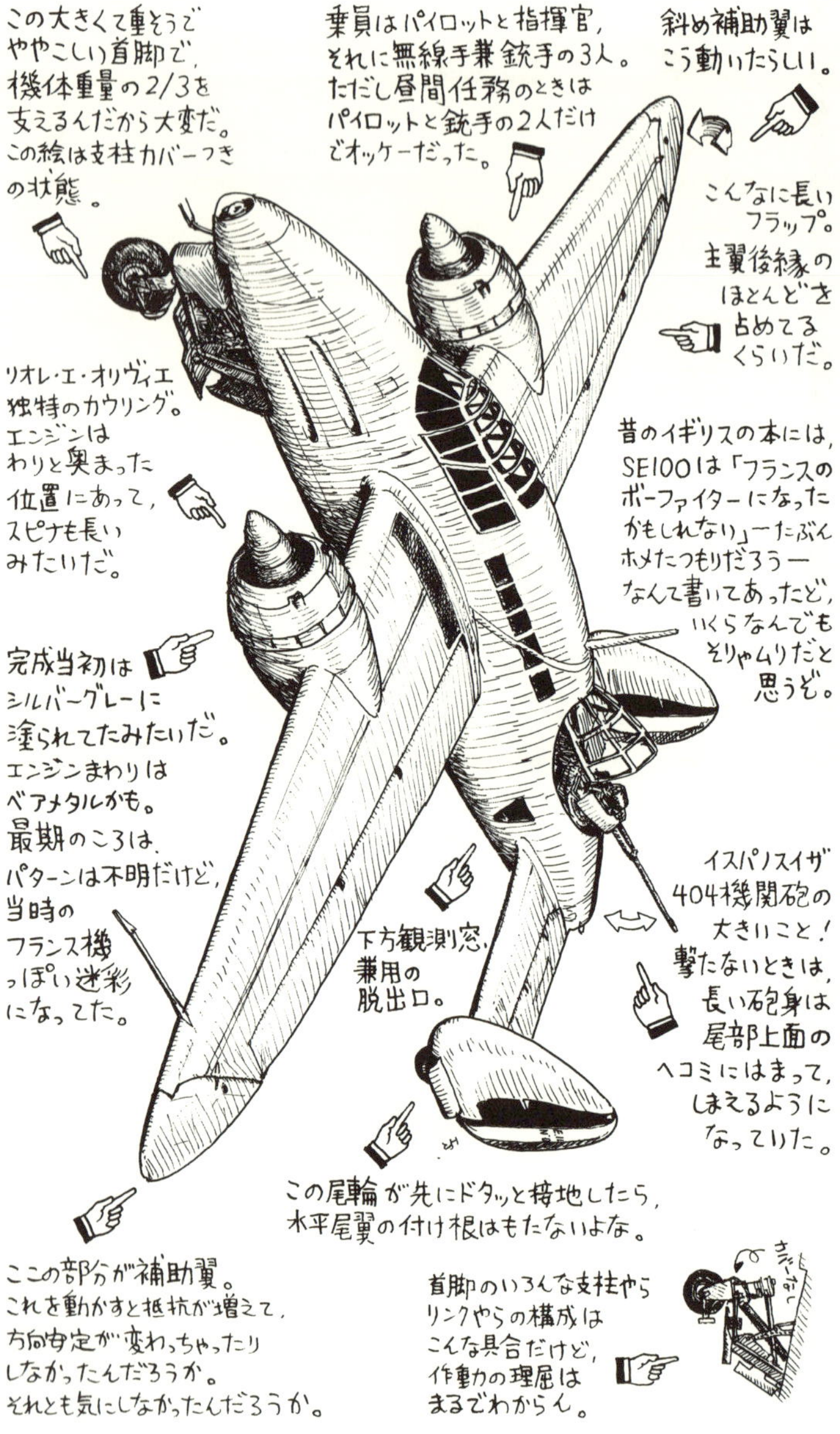
この大きくて重そうでややこしい首脚で、機体重量の2/3を支えるんだから大変だ。この絵は支柱カバーつきの状態。

乗員はパイロットと指揮官、それに無線手兼銃手の3人。ただし昼間任務のときはパイロットと銃手の2人だけでオッケーだった。

斜め補助翼はこう動いたらしい。

こんなに長いフラップ。主翼後縁のほとんどを占めてるくらいだ。

リオレ・エ・オリヴィエ独特のカウリング。エンジンはわりと奥まった位置にあって、スピナも長いみたいだ。

昔のイギリスの本には、SE100は「フランスのボーファイターになったかもしれない」―たぶんホメたつもりだろう―なんて書いてあったど、いくらなんでもそりゃムリだと思うぞ。

完成当初はシルバーグレーに塗られてたみたいだ。エンジンまわりはベアメタルかも。最期のころは、パターンは不明だけど、当時のフランス機っぽい迷彩になってた。

イスパノスイザ404機関砲の大きいこと！撃たないときは、長い砲身は尾部上面のヘコミにはまって、しまえるようになっていた。

下方観測窓、兼用の脱出口。

この尾輪が先にドタッと接地したら、水平尾翼の付け根はもたないよな。

ここの部分が補助翼。これを動かすと抵抗が増えて、方向安定が変わっちゃったりしなかったんだろうか。それとも気にしなかったんだろうか。

首脚のいろんな支柱やらリンクやらの構成はこんな具合だけど、作動の理屈はまるでわからん。

双発重戦闘機なるヤクタイもない代物に一番真剣になったのは、どうやらフランス空軍だったんじゃないだろうか。1934年のC3計画でポテ630シリーズの双発3座戦闘機を作って、さらに1937年には早くも後継機の計画を開始した。ポテ630よりさらに高性能で重武装、しかもアルミニウムとか貴重な戦略物資をなるべく使わない、という要求だった。

これに応えて試作機2機の製造発注を得たのは、ポテ670（これがダメ飛行機。『世界の駄っ作機』第3巻を見てね）とリオレ・エ・オリヴィエLeO50だった。リオレ・エ・オリヴィエ社は間もなく政府の航空工業国営・統合化政策でSNCASE、つまり「シュド・エスト（南東部）国営航空機製造会社」と名を変え、LeO50もSE100に改称された。設計番号が50から100になっちゃった理由はまるでわからん。

そのSNCASEの主任設計者メルシエは、フランスに時々現れる革新的理想主義者＝素っ頓狂の一種だったようで、構想を固める前にテストパイロット達からいろいろと要望やアイデアを聞いてまわったんだと。きっとそこで大いに盛り上がって、早くも構想段階から暴走モードに突入していったんじゃないかなあ。

メルシエの理想主義か暴走か、その両方か、SE100は相当変な機体になった。楕円断面の流線型の胴体はまあ良いとしよう。主翼が機体の中央近くにあって、大きめの水平尾翼と接近してるのがまず変だが、それも当時フランスで考えられてたタンデム翼配置の影響と思えばいいのかもしれない。しかしその主翼の後縁のほとんどがフラップになってて、翼端後縁に斜めに補助翼が付いてたのはかなり変だろう。

しかしSE100で最も変なのは脚の配置だった。巨大な首脚で重量の3分の2を支え、残りの荷重を担うのは双垂直尾翼の下に付いた二つの尾輪だったのだ。この首脚、大仰な仕掛けでステアリングするようになってて、地上の安定性と走行性を良くしよう、ついでに普通の脚配置より全体的に重量も節約できるんじゃないか、というのがメルシエのアイデアだったようだ。

で、戦略物資を使わないから、主翼は木製の箱型の桁、胴体も前部が金属骨組みに金属外皮、中央部が木製、後部は金属骨組みに木製外皮という、ややこしい構造になった。このせいで普通に金属モノコックにするよりもだいぶ重量がかさむことになった。特に胴体の骨組みは混み入ってて「まるで大聖堂」なんてフランスの本にも書かれてる。重量増加はそれだけじゃなくて、大きくてごつい首脚も重かったし、尾輪の荷重がかかる水平尾翼も重くなった。

それでも1300～1500馬力級のエンジンがあれば、性能も確保できたのかもしれないが、残念、1050馬力のノームローン14Nしか使えなかった。プロペラを左右逆回転にしたのは気が利いてるな。これで武装は前方固定の20mm機関砲4門と、尾部に動力旋回式に20mm機関砲1門という予定だった。世間の双発戦闘機の後方防御武装が7・7mm機関銃だったのよりはるかに強力だけど、残念、携行弾数がたった60発だから、後ろから襲い来る単発戦闘機を撃墜するのはたぶん無理だったろうな。

SE100原型1号機の製作は1938年4月に始まったが、大きな機体だし構造が複雑なんで手間がかかって、完成したのは1939年2月になった。地上テストとかヴィラクーブレ試験場への輸送とかがあって、ルイ・ルーランの操縦で初飛行したのは3月29日のことだった。初飛行の後、早くも首脚にクラックが入った。

重量が増えて、その大部分を受け持つ首脚の構造がもたなかったんだな。その後も脚やブレーキの故障や破損、エンジンの不調が重なって、テストは飛んでは直しの連続で一向に進まなかった。ただし確認できた性能は、速度が580km/hでなかなか良かったし、操縦性も悪くなかった。

しかしやっぱりSE100は基本的な配置からして無理の部類だった。ある時ちょっと傾いて着陸したら、片方の尾輪が着地の衝撃を受けて、水平尾翼の桁が折れてしまったのだ。これを防ぐには水平尾翼の大幅な強化が必要で、それにはまた重量が増える。どうするんだよ!

第2次世界大戦が始まっても、SE100は相変わらず問題は多いしテストは進まないし、そのまま1940年になった。4月5日、テストを終えて着陸しようとしたSE100は、突然右プロペラのピッチ可変機構が壊れて、プロペラが逆ピッチになり、高度200mから墜落、炎上してしまった。この時いろいろ改良を加えた原型2号機は製造途中だったが、工場がドイツ軍に占領されて、未完成になった。それでもフランス空軍はパリ近郊のシトロエン社工場でSE100を300機生産する態勢を作りかけていた。たとえ量産していたとしても、基本的に無理で、しかも問題だらけのSE100が部隊でまともに働けたとも思えないが、SE100をさっさと量産しようとしたのは、フランス空軍も周章狼狽してたんだな。少なくとも敗戦のおかげでSE100の開発を続ける必要が無くなったのは、不幸中の幸いの一種かも。

イラストで見る航空用語の基礎知識 basic knowledge　プロペラのピッチ

飛行中にエンジンが壊れて止まったりして，
プロペラが風を受けて空転を続けると，
さらに厄介なことになりかねない。
そういうときはプロペラのピッチを大きくして，
風車にならないようにする。抵抗も減るし。
それが「フェザリング」なんだが，そんなことが
できるのも可変ピッチ・プロペラのおかげだ。
でも飛行中にピッチの調節メカニズムが
故障して，ピッチが変になっちゃうと，
これは大ゴトだ。運が悪いと推力のバランスが失われて，
すぐに墜落しちゃうことになる。

エンジン停止!
プロペラをフェザリングでするんだ!
7時上方

ホーカー・ハリケーンIの初期型は，
木製2枚ブレードの
固定ピッチ・プロペラつきだった。

3枚ブレードの
可変ピッチ・プロペラ
つきのハリケーンI。

だから飛行速度に
応じて，羽根角を
変えてやれると，
ムダが少くなって
便利で嬉しい。
それが可変ピッチ・
プロペラだ。

プロペラの性能は
飛行速度とのカネ合い
だから，離陸の時に
ピッチが大きいと，
プロペラが失速したりして，
せっかくのエンジンの馬力が
推力にならないんで，
ムダなことこのうえない。

ピッチ大ー高速

ピッチ小 ー 低速

羽根角
β

プロペラ半径3/4のところの
羽根角をβとして……
ピッチ＝$2\pi r \cdot \tan\beta$

ふつう
「ピッチが小さきつい」
とか言っちゃうよね，
模型のパーツの
場合はね。

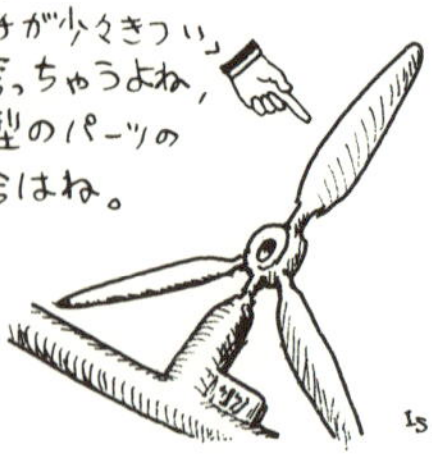

ピッチっていうのはプロペラの羽根，つまりブレードの
斜め具合を示す。つい，プロペラの羽根の回転
方向に対する角度と思っちゃうけどそれは「羽根角」。
ピッチは本当は上の式で求めた数値なんですって。
でもまあ羽根角が大きくなれば，
ピッチも大きくなるわけみたいだぞ。

File No. 13

駄作とハサミは使いよう

アームストロング・ホイットワース・アルベマール
Armstrong Whitworth Albemerle

全幅：23.5m
全長：18.3m
全高：4.8m
総重量：10,251kg（爆撃機型）
エンジン：ブリストル・ハーキュリーズXI
　　　　　空冷星型14気筒（1,580hp）×2基
最大速度：426km/h（グライダー曳航型）
実用上昇限度：5,485m
航続距離：2,092km
武装：7.7mmヴィッカース機関銃×2門（背部動力銃座）
乗員：4名

1944年7月のNo.297スコードロンのアルベマールV。インベイジョン・ストライプを描いて強そうだけど、やってたことはノルマンディ上陸作戦でパラシュート部隊を乗せてったり、グライダーのエアスピード・ホルサを引っぱってったり、いたって地味。

アルベマールのパイロット・マニュアルを見たら、ハーキュリーズ・エンジンのフルスロットル許容時間は最大5分間ですって。グライダーを引っぱって離陸するときはどうしたんだろう。

これでアルベマールは寸法ではB-25より一回り大きい。

アルベマールはイギリス爆撃機として初めて首脚式の脚配置を採用した機体であった。とかいっても、爆撃機には使わなかったんだから、どうでもいいよ。そうそう、アルベマール10機がソ連に送られて、輸送機に使われたんだそうな。

少くともこの機の武装は7.7mm機銃×4門のボールトンポールの動力銃座。アルベマールがこれを使う時は、たぶんもう最期だな。

結局、イギリス空軍ってば第2次大戦中の中型爆撃機は、自国製にロクなのがなかったんで、B-25やB-26とかのアメリカ製で間に合わせたのな。

尾部に窓が多いのは、防御射撃管制席という当初のアイデアの名残りか、それとも単にグライダー曳航のときの監視席か。

このP5◎Sのシリアルは V1823であります。

一説では、開発計画がアームストロング社に移ってから、構造とかいろいろ設計に手直しが入ったともいう。あるいはブリストル社が計画を手放したんで、アームストロング社のAW41案に切り替えられたとも。アルベマールの出自にはまだナゾな部分があるな。

よく見れば、なかなかヘンなカタチの方向舵。尾部にはもちろんグライダー曳航用の装置がある。

世の中は澄むと濁るの違いにて、ハケに毛があり、ハゲに毛はなし。飛行機もそんなもんで、同じイギリスが第2次世界大戦中に作った木製爆撃機でも、片や稀代の傑作機になって、片や雑用の下働きにしかならなかったりする。

1938年、そろそろドイツとの戦争を真剣に考え始めたイギリス空軍は、双発中型爆撃機を作ろうとした。しかし島国イギリスのこと、飛行機の材料のアルミニウムが足りなくなるかもしれないんで、鋼管溶接の骨組みに合板張りという構造が求められた。それで1・8tの爆弾を積んで、30度の急降下爆撃までして、尾部から各部の防御武装の管制をしようというんだから、変なところで欲張ってるな。

このB9／38要求にはいろんなメーカーが設計案を提示し、その中では首脚式の配置を特徴とするブリストル社のタイプ155案が有望だった。ところがブリストル社は主任設計者のフランク・バーンウェルが世を去り、そこへもってきて雷撃機ボーフォートと新型重戦闘機ボーファイターの開発・生産で忙しくて、とてもこれにまで手が回らない。そこにイギリス航空工業界の大手、ホーカー・シドレー・グループが乗り出してきて、この爆撃機計画を引き取って、グループの一員であるアームストロング・ホイットワース社に担当させることにした。空軍側もそれに対応して、新しい要求仕様B18／38を策定し、急降下爆撃だの尾部の射撃管制だののムシの良い要求は引っ込めた。しかしエンジンは当初予定していたブリストル・トーラスは別の機種に振り向けられ、代案にしていたロールスロイス・マーリンも他の爆撃機が使うんで、結局この新型爆撃機には重いブリストル・ハーキュリーズが割り当てられたのだった。

それでもイギリス航空省はこれで立派な爆撃機ができると思ってたようで、早速200機も発注、さらに800機を追加した。当のアームストロング社もホイットレー爆撃機で手一杯。グループ本社はわざわざA.W.ホークスレー社という会社を設立、急いで新しい工場まで建てて、生産態勢を作り上げた。

アルベマールという名前が付けられたこの木金混成爆撃機の試作機は、1940年3月にチャールズ・K.T.ヒューズ大尉の手で初飛行した。ところが初期のテストでは滑走時の加速が悪くて、なかなか離陸できないことがわかった。しょうがないから翼幅を3mも伸ばして揚力を増やすことにしたんだが、こういうことをすると抵抗も増えて、速度が落ちるんだけどな。

しかも戦争が激しくなってくると、どうも半端な性能の爆撃機は生き残れそうもないのがだんだんわかってきた。それに1940年11月にはデハヴィランド社がほとんど勝手に試作した全木製の軽爆撃機が、小さいくせに素晴らしい性能を示した。言わずと知れたモスキートの誕生だ。計画段階じゃモスキートを無視していた空軍も、手の平を返したようにモスキートに興味を示して、それと反比例するように、アルベマールは影が薄くなっていった。

それとアルベマールにはエンジンがオーバーヒートする癖があって、しかもそれがどうにも直らない。そこでエンジンを最大出力にしていい時間を制限するから、ますます速度性能が下がっていった。一方、ボマーコマンドの主力となる4発重爆の開発も進んでいたから、とうとうアルベマールは爆撃機としては使わないことにされてしまった。じゃあ余り物のアルベマールには魚雷でも積んで、コースタルコマンドの洋上偵察機にしちゃおうと考えられたが、なにしろ合板張りだから潮風にさらすと機体がすぐに腐食する。この用途にも使えないのだ。

1000機もあったアルベマールB・Iの量産発注はたった40機でキャンセルされて、もちろん部隊には配備されなかった。しかしそこは連合軍、だんだん戦争にも勝ち目が出てきて、反攻の上陸作戦に投入されるパラシュート部隊の輸送機やグライダー曳航機が入り用になってきた。そういう使い道なら別に性能をとやかく言うことも無い。ちょうど生産態勢が整っていて、他に何の役にも立たない機体があるわい……と言ったかどうかは知らないが、とにかくアルベマールはそっちの用途のために生産されることになった。

かくして輸送機型のST（スペシャル・トランスポート）とグライダー曳航型のGT（グライダー・タグ）のMk.I、Ⅳ、Ⅵ、が合わせて600機も作られたのだった。アルベマールの初陣は1943年7月のシシリー島上陸作戦で、以後ノルマンディやアルンヘムの作戦で、ホルサやハミルカーといった輸送グライダーを引っ張ったり、あるいは空挺隊員を降下させて、連合軍の勝利に貢献した。別にアルベマールでなくても全然かまわなかったんだけど。

もちろんイギリスがアルミニウムの不足で飛行機生産に困ることは無かった。アルベマールの苦心と低性能は報われなかったのだ。たぶんアルベマールが重いグライダーを連れてフウフウ言いながら飛んでいくはるか上方を、モスキートが軽やかに追い越していく、なんてこともあったんだろうな。そういうものだ、運命とは。

ホーカー・シドレー・グループ

第2次大戦のころのイギリス
には、飛行機メーカーが
ずいぶん沢山あるように
見えるけど、実はもう
このころから統合・
グループ化の方向に
進み始めていたので
ありました。

その一つが、
トーマス・ソッピーズが
ひきいるホーカー・シドレー・
グループだった。
スーパーマリンはすでに
ヴィッカースの傘下だった。

タイフーンの大部分は
グロスター製だった。

1920年代からの
戦闘機メーカーの
名門、グロスター社も
1934年には
ホーカー社に
買い取られて、
ハリケーンやタイフーンの
生産を担当した。

グロスター・
グラジエーター。

アームストロング・ホイットワース・ホイットレー。
この会社の元じめみたいな
アームストロング・シドレー社
もホーカーに買収されて、
それでホーカー・シドレーに
なった。

第2次大戦後には、さらにいろんな
メーカーがホーカー・シドレーに合流
していく。国の政策でもあったし。
デハヴィランド社やアヴロ社もみんな
ホーカー・シドレーになった。
これはアヴロ748旅客機。

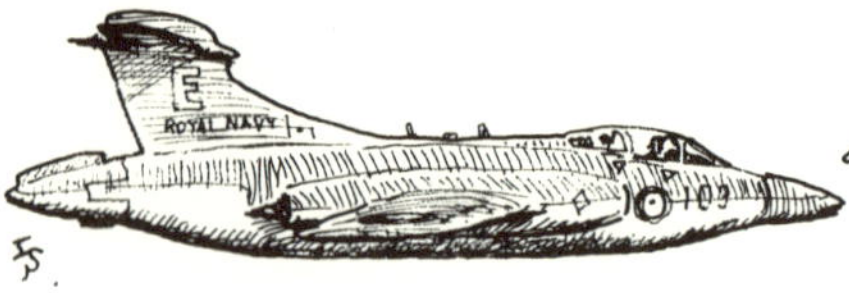

ブラックバーン・バッカニアも
ホーカー・シドレー・バッカニア
に名を変える。

File No. 14

赤い星のヘンな翼

パシーニンI-21

Pashinin I-21

全幅：9.4m
全長：8.7m
自重：2,670kg
エンジン：クリモフM-105P
　液冷V型12気筒（1,100hp）×1基
最大速度：580km/h
航続距離：760km
武装：20mm ChVak機関砲×1門（プロペラ軸内）
　7.62mm ChKAS機関銃×2門
乗員：1名

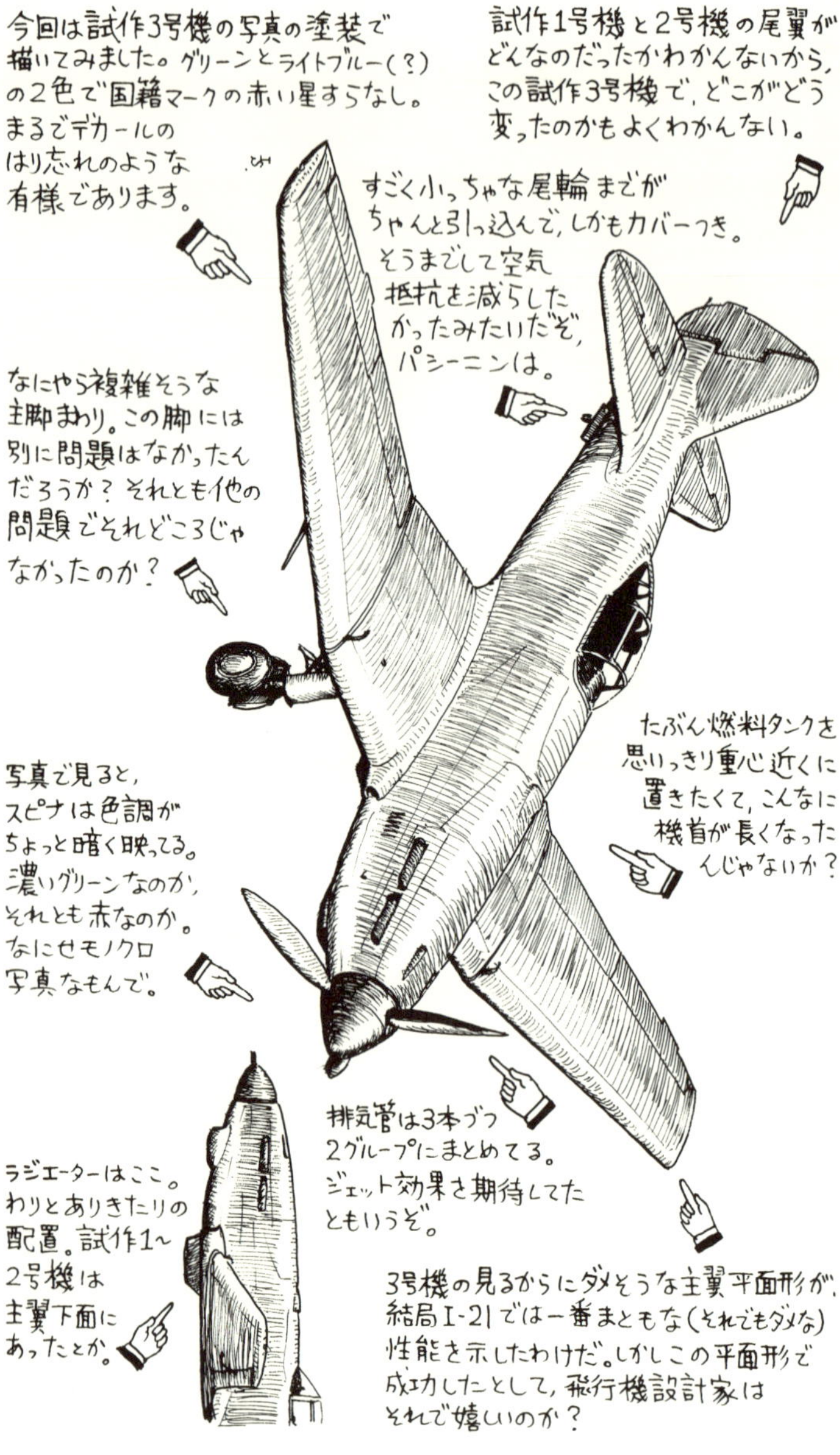
今回は試作3号機の写真の塗装で描いてみました。グリーンとライトブルー(?)の2色で国籍マークの赤い星すらなし。まるでデカールのはり忘れのような有様であります。

試作1号機と2号機の尾翼がどんなのだったかわかんないから、この試作3号機で、どこがどう変ったのかもよくわかんない。

すごく小っちゃな尾輪までがちゃんと引っ込んで、しかもカバーつき。そうまでして空気抵抗を減らしたかったみたいだぞ、パシーニンは。

なにやら複雑そうな主脚まわり。この脚には別に問題はなかったんだろうか？ それとも他の問題でそれどころじゃなかったのか？

たぶん燃料タンクを思いっきり重心近くに置きたくて、こんなに機首が長くなったんじゃないか？

写真で見ると、スピナは色調がちょっと暗く映ってる。濃いグリーンなのか、それとも赤なのか。なにせモノクロ写真なもんで。

排気管は3本づつ2グループにまとめてる。ジェット効果を期待してたともいうぞ。

ラジエーターはここ。わりとありきたりの配置。試作1~2号機は主翼下面にあったとか。

3号機の見るからにダメそうな主翼平面形が、結局I-21では一番まともな(それでもダメな)性能を示したわけだ。しかしこの平面形で成功したとして、飛行機設計家はそれで嬉しいのか？

ダメ飛行機ってものはどうも社会体制やイデオロギーと関係無く出現するようで、第2次世界大戦当時の資本主義国のアメリカやイギリス、それにフランスで次々に駄作飛行機が現われていた頃、共産主義国のソ連でもいろんな設計局でせっせとしょーもない飛行機が作られては消えていった。それを言えば軍国日本でもファシズムのイタリアでも（もしかするとナチス・ドイツでも）、ダメな飛行機は数々あるわけで、なるほどテクノロジーは世界共通であることよ。

1939年、戦闘機の名門設計局ポリカルポフのところの副主任、ミハイル・ミハイロヴィッチ・パシーニンは師匠から暖簾を分けてもらって、自分の設計局を持つようになった。そこに早速前線用戦闘機の開発を命じられた。当時のソ連の主力戦闘機ポリカルポフI－16はノモンハン事件やスペイン内乱で実戦を経験して、いろいろと貴重な戦訓をもたらしてくれた（後の独ソ戦の初期を見ると、十分に活かされたとも思えないんだが）。パシーニンに求められたのは、そのI－16に代わる次期戦闘機だった。

パシーニンのI－21戦闘機の主翼は、高速に適した上下対称の断面形を採用していた。なんでも最大急降下速度950km／hを狙ってたそうだ。その主翼は水平な内翼と上反角のある外翼からなっていて、外翼にだけ直線的なテーパーが付いていた。MiG－1の主翼が内翼から外翼まで一体で、きついテーパーの平面形だったのとはだいぶ違う。そういう点からすると、パシーニンI－21はMiG－1やYak－1みたいな同時期の他のソ連戦闘機とはちょっと違う性格の機体を目指していたみたいだな。

機体構造はソ連得意の木金混成で、胴体は前半が鋼管骨組み金属外皮に、後半が木製モノコックだけど、長い機首のはるか後方にコクピットがあった。これだと視界が悪いだろうと思うんだが、後々やっぱり視界不良が問題になる。

エンジンは液冷V12気筒1100馬力のクリモフM－105Pだけど、本当は1650馬力のM－107にして、最大速度680km／hを出したいところだった。でもM－107が開発途上だったんで、M－105Pで我慢しなくちゃならなかった。それにしてもI－21って、すごい高速戦闘機を目指してたわけだな。武装はプロペラ軸内の23mm機関砲と主翼の7・62mm機銃2門というまあ普通の装備。脚は簡便堅牢を旨とするソ連機には珍しく、90度回転後方引き込み式。つまりカーチスP－40なんかと同じ方式だ。きっと主翼構造との兼ね合いで、こうしたんだろう。

I－21の試作1号機は1940年6月に初飛行した（7月ともいう）。地上だとプロペラと地面の間隔がひどく狭かったそうだけど、試作ダメ戦闘機のシルヴァンスキーI－120（『世界の駄っ作機』第3巻を参照してね）も同じような問題があったから、当時のソ連の設計局は何を考えてたんだろう。I－21試作1号機はテストで縦安定も横安定もどっちも良くないことを露呈したけど、どうこうする前に大破しちゃった。そこで2号機では安定性を改善しようと外翼平面形のテーパーの加減に手直しが加えられて、1940年10月に飛んだ。最大速度は高度5000mで573km／hを記録して、当時の戦闘機としちゃ全然悪くないんだが、680km／hなんていう本来の目論見には遠く及ばなかった。そんなことより全然良くないのは安定性で、主翼を改修しても不安定なのは変わらず、テストパイロットのステパン・スプルンによれば、操縦が難しくて余程の熟練パイロットじゃないと飛ばせないくらいだったという。おまけに着陸速度も高すぎた。きっと高速向け翼断面のせいもあるんだろうけど、ソ連の前線部隊が使う戦闘機としちゃ問題だ。

スターリンの顔も三度まで、だかどうだか知らないが、パシーニンは試作3号機の主翼にさらに改修を加えた。今度は外翼の前縁に後退角をつけて後縁は直線、翼幅は1・57m も縮められて、構造まで改められた。ということは1号機の主翼とは面積とか空力中心とか基本的な部分がかなり変わっちゃってるわけで、じゃあ最初の設計はなんだったたってことだ。ポリカルポフの一番弟子が作った飛行機がこんなだぞ、大丈夫なのか、ソ連の設計局？

I－21の3号機は主翼以外にもラジエーターの配置とか尾翼とか、機関砲を20㎜に替えるとかの変更が施されて、1941年の雪も溶けた4月に初飛行した。最大速度は580㎞／hで敵機Bf109Eより速いし、安定性もだいぶ良くなったけど、着陸がえらく難しくて、離陸距離・着陸距離ともに長すぎる欠点は直らなかった。それにもちろんパイロットの視界も悪い。地上じゃほとんど前が見えないもんな。

戦闘機を設計したらヘンなのになっちゃて、手直しして、やっぱりダメで、とパシーニンが苦労している間に、他の設計局の戦闘機が（問題もいろいろあったけど）次々に戦力化にこぎつけていったから、いくらいじくっても見込みの無いパシーニンI－21は、とうとう空軍から見放されて、開発中止になった。増加試作機5機も作られずじまいに終わった。

イラストで見る航空用語の基礎知識 basic knowledge ☞ スペイン内乱

1936年7月、親ソ連のスペイン共和国政府に対して、モロッコのスペイン軍が叛乱を起こした。フランコ将軍ひきいる反乱軍＝国民党にはファシスト・イタリアとナチス・ドイツが支援して、一方の共和国政府＝人民戦線側にはソ連と西側左翼が肩入れした。でもイギリスは冷たく局外に立ち、イベリア半島への武器輸出を禁止、フランスも中立だったが、本音じゃドイツとイタリアが図に乗るといやだったんで、こっそり政府側に飛行機を送ったりした。かくして1939年4月まで悲惨な戦いが続いたのだ。

フランコ軍の方にはイタリアとドイツが当時の新鋭機（あんまり新鋭じゃないのも含む）やパイロットを送り込んで戦わせた。

ちょっとだけ戦った、マッキM41bis戦闘飛行艇。

レジオン・コンドルのBf109 B-0。2JG/88の所属だそうだ。

サヴォイア・マルケッティSM79爆撃機。これは第12ストルモのネズミ3匹マークの機体。近ごろじゃ良いキットも出ておりますな。

カプロニAP1攻撃機。到着が遅くて訓練に使われただけだった。他にもいろんな飛行機がスペインに行った。

片や人民戦線側には、ソ連から飛行機と義勇兵が来た。西側からも雑多な飛行機を入手したけど、空じゃ質量ともにフランコ側の方が優勢だったみたい。

I-16と並んで人民戦線側の主力戦闘機だったポリカルポフI-15。上面グリーンに下面グレー、主翼と胴体に赤帯、方向舵は赤・黄・紫。

後の作家アンドレ・マルローがフランス政府から秘密に頼まれて、乗員ともども持ち込んだ、ポテ540。人民戦線側にとっては数少い本格的な爆撃機。機体は黒い塗装だったらしいぞ。

File No. 15

今週のぎっくりがっかりメカ

カモフKa-22

Kamov Ka-22

ローター直径：22.5m（22.8m）
ローター中心間距離：23.5m
胴体長：27.0m
自重：28,200kg（25,000kg）
総重量：35,500kg（垂直離陸）
　　　　42,500kg（滑走離陸）
エンジン：クズネツォフD-25VK
　　　　　ターボシャフト（5,500hp）×2基
　　　　　（当初：クズネツォフTV-2VK5,900hp）
最大速度：375km/h
上昇限度：5,500m
推定航続距離：5,500km
乗員：3名
兵員80名もしくは貨物16.5 t
（カッコ内は初期型）

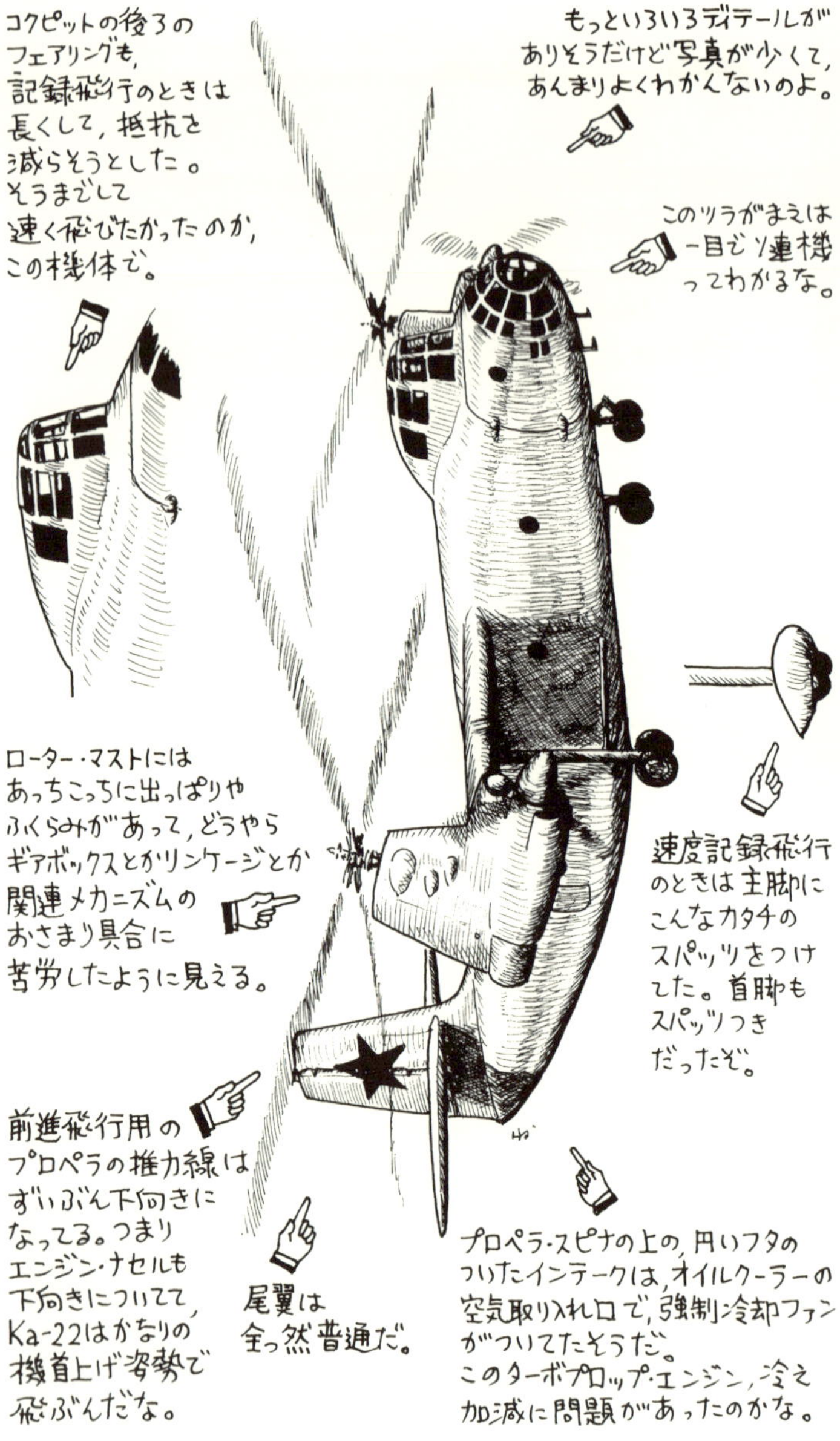
コクピットの後ろのフェアリングも、記録飛行のときは長くして、抵抗を減らそうとした。そうまでして速く飛びたかったのか、この機体で。

もっといろいろディテールがありそうだけど写真が少くて、あんまりよくわかんないのよ。

このツラがまえは一目でソ連機ってわかるな。

ローター・マストにはあっちこっちに出っぱりやふくらみがあって、どうやらギアボックスとかリンケージとか関連メカニズムのおさまり具合に苦労したように見える。

速度記録飛行のときは主脚にこんなカタチのスパッツをつけてた。首脚もスパッツつきだったぞ。

前進飛行用のプロペラの推力線はずいぶん下向きになってる。つまりエンジン・ナセルも下向きについてて、Ka-22はかなりの機首上げ姿勢で飛ぶんだな。

尾翼は全っ然普通だ。

プロペラ・スピナの上の、円いフタのついたインテークは、オイルクーラーの空気取り入れ口で、強制冷却ファンがついてたそうだ。このターボプロップ・エンジン、冷え加減に問題があったのかな。

１９４０年代の後半にヘリコプターっていう便利なものの実用化が見えてくると、人間とは欲深かなもので、じきにヘリコプターみたいに垂直離着陸と空中停止ができて、飛行機みたいに速く飛べて航続距離の長い、両方の良いとこ取りの機体が欲しくなった。そこで１９５０年代にはいろんな国でそういう構想や計画が現われて、いくつか試作もされたが、結局どれ一つとして実用化に成功しなかった。そんな敗者の中の大物が旧ソ連のカモフＫａ–22だった。

１９５１年、カモフ設計局じゃヘリコプターの航続距離を伸ばそうといろいろと考えるうちに、ヘリコプターに前進用のプロペラと主翼を付けた機体を作ろうということになった。それがエンジン側との協議やら何やかやとの曲折を経て、１９５４年にいよいよカモフＫａ–22の試作機製作が認められたのだが、なにしろ新構想の機体だけに、各部のメカニズムやシステムの開発にはえらく時間がかかった。結局Ｋａ–22がやっと初飛行にこぎつけたのは、試作承認から４年もたった、１９５９年８月のことだった。

Ｋａ–22は早い話がローター付き飛行機みたいな形式で、高翼の主翼の両端に５９００馬力のＴＶ–２Ｋターボプロップエンジンを装備、それでプロペラとローターを駆動するようになっていた。エンジンにはクラッチが付いていて、前進飛行の時はローターの駆動を切って自由回転させ、離着陸の時はプロペラの方の駆動を切る仕掛けだ。エンジンの片方が止まっても両方のローターを回しておけるように、２基のエンジンは長いシャフトで連結してあった。前進飛行中の操縦には主翼の補助翼と尾翼の方向舵・昇降舵を使って、離着陸の時はもちろんローターの操作で操縦する。主翼には離着陸の時に使うフラップも付いてた。

Ｋａ－22は一応輸送機が目的だったから、胴体の中は長さ17・９ｍ×幅３・１ｍ×高さ２・８ｍの貨物室があって、兵員なら80人、貨物は16・５ｔ積むことができた。かなりな搭載能力だったんだな。それでコクピット下の機首は右側に折れて、車両とかの積み込みができるようになっていた。でも後部には貨物ランプは無い。機首はソ連の輸送機の習いでガラス張り。航法士が地面を見て航法をするためもあるだろうが、この場合は離着陸時にパイロットが地面の状況を目で確かめるためもあったんだろうな。

さてＫａ－22は飛ぶには飛んだけど、操縦がえらく難しくかったそうだ。カモフ設計局はその解決にえらく苦労して、エンジンの方もいろいろとトラブル続きだったが、なんとか１９６０年には３機を製造することにしてもらった。その苦労の甲斐あって、Ｋａ－22は１９６１年の10月７日に回転翼機の速度記録３５６・３㎞／ｈを樹立、その２日後にはツシノ航空ショーでデモンストレーション飛行してみせた。

それに西側も驚いてくれたのは、ソ連としては大成功だったろう。これも社会主義の偉大な成果、どうだ恐れ入ったか、というわけだな。

さてその後１９６２年８月、タシケントの工場で完成した追加１号機をモスクワの方にフェリーすることになった。ところが途中の立ち寄り地点に着陸しようとしたとき、１号機は突然左に横転、裏返しになって墜落してしまった。原因は右側ローター操縦系統のケーブルのジョイントが切れたことだったが、調べてみるとケーブル系統の組み付けが間違ってたんだと。

そんな機械的な欠陥以外にも、Ｋａ－22は実用化するにはまだまだ操縦性や安定性の問題が多かった。ローターの回転方向を左右で逆にしてみたものの、低速時の飛行特性は変わらず、高速時にはかえって問題が大きくなっちゃった。仕方ないから自動操縦装置を組み込んで、安定するようにしたけど、この装置が飛行姿勢と姿勢変化をモニターするというえらく複雑高度なものだった。おまけにローターからの衝撃波がぶつかりあってたんだろう、騒音がものすごくて、その音たるや機関砲を撃ってるみたいだったともいう。

それでもテストは続けられたが、1964年の8月、離陸した3号機は、15分後にいきなり右に機首を振り始めた。反対方向に旋回させようとしても効果が無い。プロペラの不具合だと思ってピッチを操作しようとすると、今度は機は急降下に入り、あわてた機関士は脱出ハッチを投棄、それが右ローターにぶつかり、ローターが壊れて異常振動を起こし、右エンジンナセルが千切れ飛んで、機体は墜落した、脱出して助かったのは5人の乗員中3人だけだった。

Ka–22は機構的に複雑で、やたら機械的故障が多くて、しかもそれがしばしば致命的なものになった。そもそも連結シャフトやらギアやらの仕掛けに相当パワーを食われてたし、ローターからの吹き下ろしを主翼が邪魔してるし、考えてみたらKa–22の形式は損が多くて効率が悪かった。早く気付けよ。しかもこの頃にはもうソ連軍では重輸送ヘリコプターとしてミルMi–6が使われてたんで、危ないKa–22の開発は中止されてしまった。ロシア人の書いた本じゃ、アメリカのV–22オスプレイもKa–22と同じ欠陥があるぞ、みたいなことを言ってるけど、負けっぷりが悪いぞ。ロシア人。

☞ ヘリコプター

ローターのハブをベルトで回したんだぜ!

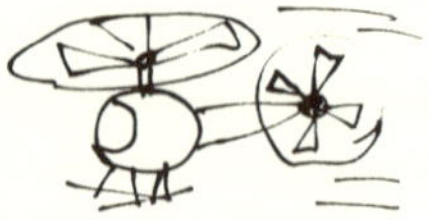

ヘリコプターの一般概念図

ヘリコプターのアイデアは、レオナルド・ダ・ヴィンチも考えてたくらいで、古くからあったんだけど、飛行機と同じように、なかなか本当に飛ぶヘリコプターは現れなかった。史上初めて、独立して動力浮揚に成功したのは1907年のことで、フランスのポール・コルニュが作ったこんな機体が、高度30cmに20秒間浮揚したのだった。

ぐるぐる回るローター、つまり回転翼を自分の動力で回して、それで揚力を作って飛ぶ航空機を、すなわちヘリコプターと申します。垂直に離着陸できるし、空中に止まる(ホバリング)こともできるし、いろいろ飛行機にできないワザを持ってるんで、いろんなところで重宝してるのは皆さんご存知のとおり。

ヘリコプターの実用化に貢献した、イゴール・シコルスキーのヘリコプター。

かなり実用に近づいたヘリコプター、フォッケ・アハゲリスFa61。機首のエンジンでローターを回す。プロペラもついてるけど、これは前進用じゃなくて、エンジンの冷却用だったそうな。

ヘリコプターの困ったところは、あんまり速く飛べないこと。これは原理的なもんで、ジェット・エンジンをつけようが、ロケットをくくりつけようが、どうにもならない。ヘリコプターが速く飛ぶと、ローターの前進側の回転速度とヘリコプターの前進速度が合わさって、ローターが音速を越えちゃう。そうなるとローター前進側が揚力をちゃんと作れなくなって、ヘリコプターはまともに飛べなくなるのだ。

File No. 16

夜のヘンな飛行艇

川西十一試
特殊水上偵察機(E11K1)

Kawanishi 11-Shi
Special Reconnaissance Flyingboat(E11K1)

全幅：16.2m
全長：11.9m
全高：4.5m
自重：2,170kg
総重量：3,300kg
エンジン：愛知九一式Ⅰ型
　　　　　水冷W型12気筒(750hp)×1基
最大速度：232km/h
実用上昇限度：3,800m
航続距離：1,519km
武装：7.7mm機関銃×1門(機首旋回式)
乗員：3名

側面図だと主翼のカゲ、平面図だとエンジンのカゲになるもんだから、キャノピーの後半がどうなってるか、判断が難しい。間違ってたらゴメン。

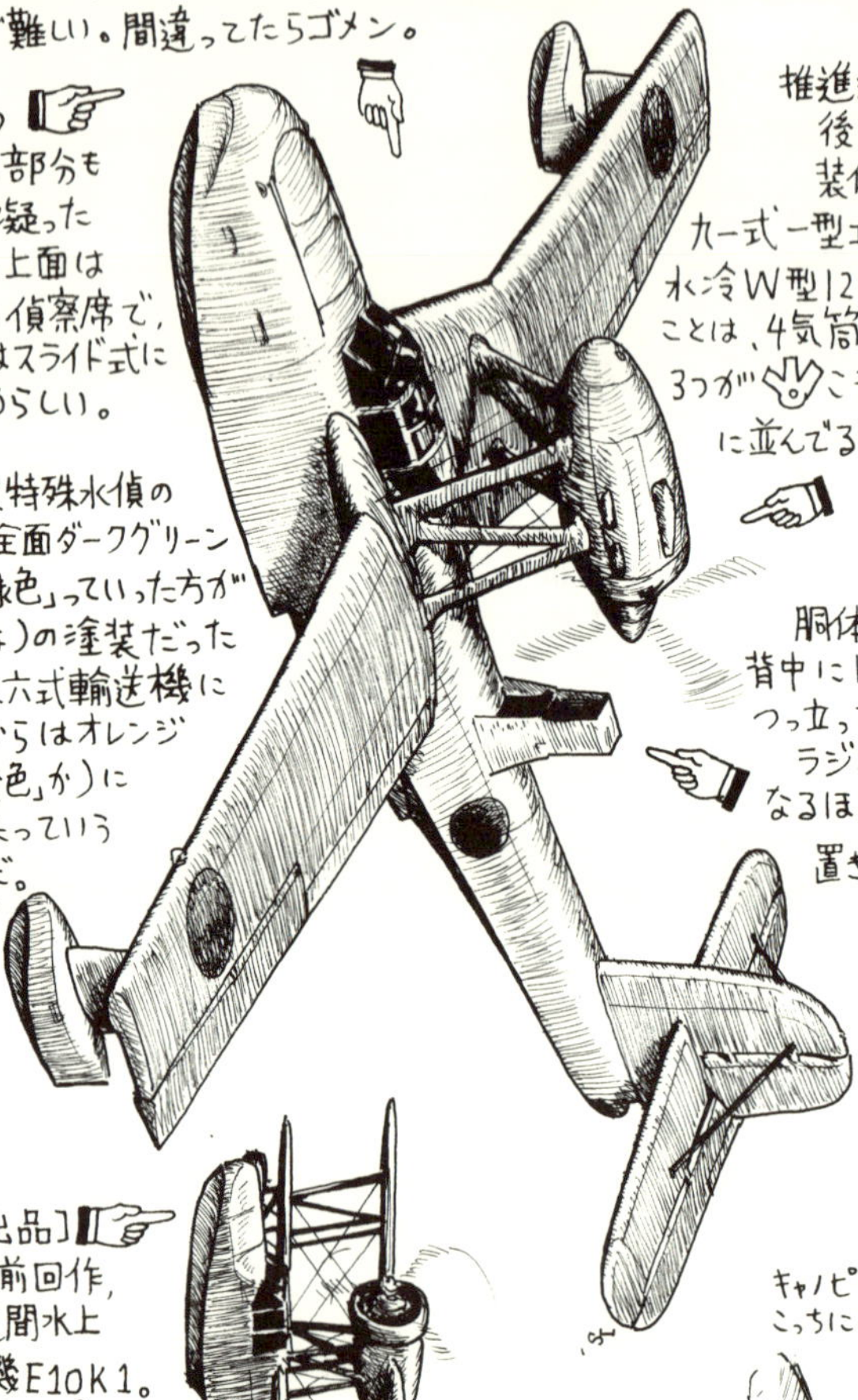

艇首の波切り部分もかなり凝った形状。上面はどうやら偵察席で、ハッチはスライド式になってるらしい。

推進式、つまり後ろ向きに装備された九一式一型エンジン。水冷W型12気筒ってことは、4気筒のバンク3つがこういう形に並んでるわけだ。

十一試特殊水偵のときは、全面ダークグリーン（「暗緑色」っていった方がいいかな）の塗装だったけど、九六式輸送機になってからはオレンジ（「黄橙色」か）に塗られたっていうハナシだ。

胴体後部の背中にトートツにつっ立ってるのがラジエーター。なるほど、他に置き場所もなさそうだしな。

[参考出品]川西の前回作、九試夜間水上偵察機E10K1。なんだかスーパーマリン・ウォーラスを兵庫県で作ったみたい（川西の工場は神戸だ）。こっちも不採用になった後、「九四式輸送機」になった。作られたのは1機だけ。

キャノピーはこっちにこう開く。

九六式輸送機になってからの写真を見ると、キャノピーの後半はこういうふうに窓なしになってるみたいだけど……。

まだレーダーなんてものが実用化される前のこと。世界の海軍の中には、いったん敵の艦隊を見つけたら、その動向を見失わないように、夜のうちもぴったり貼り付いて偵察する飛行機があるといいな、と思う人たちがいた。その一つ、イギリス海軍の「夜間触接機＝フリートシャドワー」については『世界の駄っ作機』第1巻のＦＩＬＥ１に書いたとおりだ。

日本海軍も、なにしろ強度の戦術オタクだったうえに夜戦マニアだったから、当然そういう夜間偵察機を欲しがった。いや、むしろ最初にこの種の機体を思い付いたのは日本海軍だったかもしれない。「月月火水木金金♪」で訓練してきたんだもん、偵察機からの情報で巡洋艦や駆逐艦を向かわせて、敵艦隊の気付かないうちに酸素魚雷や20サンチ砲を撃っちゃう、とか考えてたんだろうな。

そんなわけで日本海軍は、１９３１年（昭和６年）に一度、愛知六試小型夜間偵察機を試作させていた。この機体、巡洋艦や戦艦に積むつもりの小型単発飛行艇で、開発とテストに３年もかけたのに、いろいろ不満足な点があって６機の増加試作で終わった。しかし海軍はそれを基に１９３４年に、また同じような要求で川西と愛知に九試夜間水上偵察機を競争試作させて、この時は愛知の方が九六式水上偵察機として採用になった。制式採用って言っても、作られたのは15機だから、六試小型夜偵の増加試作６機と大して変わらない。まあ、性格的にも需要がたくさんある機種じゃないから仕方ないけど。

その２年後の１９３６年、昭和でいえば11年、日本海軍はまた次の夜間偵察機の試作を、愛知と川西に指示した。この十一試特殊偵察機に、愛知は九六式の新装版みたいな複葉のＥ11Ａ１で応えたが、ライバルの川西の方は、思い切り新しげな設計で臨んだ。前の九試夜偵の時に、愛知と同じような複葉牽引式の機体を作ったのに負けたから、今度は全然違うことをしてみようと思ったのかしら。

川西のE11K1は全金属の単葉で、小さい艇体から生えている片持ち式の主翼は、水をかぶらないようにガル翼になっていた。その中央、コクピットの上に支柱を立てて、液冷の九一式エンジンを推進式に載せて、直径の小さい4枚ブレードのプロペラを回した。新工夫は翼端フロートで、小さな機体と小さな馬力でちゃんとした性能を出すには抵抗を少なくしたいから、フロートを外側に引き上げて、翼端と一体になるようにした。アメリカのPBYカタリナと同じ手法だな。その他小さいくせに艇体の底にステップが2段も付いてたり、細かいところにも気を配って設計したんだけど、ラジエーターの置き場所には困っちゃったらしく、主翼後方の胴体背部に突っ立てるという無粋な装備法になってる。後ろへの気流が尾翼に影響しなかったのか心配になるぞ。

川西十一試特殊水上偵察機（最初は「特種」だったんだって）E11K1は1937年に初飛行した。ところが全金属で単葉で、翼端フロートが引っ込んで、と新しそうなことをたくさん盛り込んだのが災いしたのか、重量が予定を大きく上回っちゃった。E11K1の自重は2170kgで、愛知のE11A1より10%ほど重かった。2t程度の小型機で、エンジンの馬力も500馬力程度だから、この200kg程度の余分な重量は結構影響するぞ。おかげで航続性能が悪くなったそうだし。

それだけじゃなくて、E11K1は操縦性でも安定性でも癖があったし、水上走行でもやはり操縦しにくかった。おまけにエンジン周りにも故障や不具合が多かった。変なラジエーター装備が悪かったんじゃないのか？

で、自慢の翼端フロートだが、仕掛けがややこしくて整備に手間がかかる割に、引き上げたところで特に性能に影響が無い。だってそもそも低速で長時間飛ぶのが能の夜間偵察機だもん、最大速度は２００㎞／ｈちょっとぐらい。翼端フロートが下がってても上がってても、あんまり意味ないだろうって。

そういうわけで、Ｅ11Ｋ１は愛知のＥ11Ａ１に勝るところが無いと判断されて、日本海軍は愛知の機体を九八式水上偵察機として採用した。２機作られたＥ11Ｋ１はそのまま陸揚げ用車輪のビーチングギアを追加して、九六式輸送機として連絡用に使われた。川西はずいぶん設計に凝ったのに、またもや結果に結びつかなくて、愛知に負けたのだった。

勝者の愛知九八式水上偵察機も生産数は17機だけ。軽巡の長良や阿武隈、那珂、川内に搭載されたけど、もっと使い勝手のいい九四式水偵があったし、九八式でなくちゃならない局面なんて滅多に無かったようだ。事実、第２次世界大戦の夜戦じゃ日本海軍は夜間偵察機なんか使わなくてもオニのように強かった。とは言っても連合軍がレーダーを装備して、使いこなすようになるまでの話。イギリス海軍のフリートシャドワーもそうだけど、夜間偵察機っていう目的そのものが、最初から外してたんだな。でも今のプレデターとかグローバルホークみたいな無人偵察機って、これに似てないか？

イラストで見る航空用語の基礎知識 basic knowledge ☞ 巡洋艦

1914年の
HMSアリシューザ。

駆逐艦部隊の指揮や、
索敵・偵察にあたる
「軽巡洋艦」。

防御はちょっとだけだが、速度に優れる
「防護巡洋艦」。索敵や哨戒、通商路
警備とか、昔のフリゲイトの役目を引き
継いだ。絵はイギリスのHMSハイフライヤー。

装甲が厚くて、戦艦を補佐する
「装甲巡洋艦」。第1次大戦のころには、
まるっきり時代遅れでロクな目に会わな
かった。このイギリスのクレッシーも、1914年に同型の
ホーグ、アブーキアと一緒に、ドイツのU9の雷撃で
まとめて沈められてしまった。

帆船時代に索敵や偵察の任に
あたった中型高速艦フリゲイトに
代わって、鋼鉄と蒸気の時代に
造られるようになったのが「巡洋艦」
第1次大戦のころにはいろいろ分化した。

6000トンぐらいの
イギリスのリアンダー。
6インチ砲連装×4基。

第2次大戦の前には、1万トンまでの「重巡洋艦」と
5000〜6000トンぐらいの「軽巡洋艦」に集約された。
ワシントン条約の制限のせいだ。
でも1930年代末ごろからは、軽巡洋艦の火力が
6インチ砲×15門になったり、「防空巡洋艦」も現れた。

イギリスの1万トン級ノーフォーク。
砲は8インチ連装×4基。

このころには巡洋艦は
偵察機を載せるようになってきた。

CG-66は
ヒュー・シティだな。

USSサウス・
カロライナね。

当代の巡洋艦タイコンデロガ級に
いたっては、船体そのものが
スプルーアンス級駆逐艦と共通だ。
ロシアのスラヴァ級（今の艦名はモスクワだ）
の方が、巡洋艦らしくはあるな。

巡洋艦は第2次大戦後には
ほとんど計画されなくなった。
アメリカ海軍じゃ駆逐艦を大型化した
"フリゲイト"を「巡洋艦」に改称した。
この「原子力ミサイル巡洋艦」も出自を
たずねると、かつての駆逐艦の
子孫であって、昔の巡洋艦とは
血縁関係がないことになっちゃう。

File No. 17

撃つほどに頭を垂れる機関砲

ミコヤン・グレヴィッチSN

Mikoyan Gurevich SN

全幅：9.63m
全長：12.3m
全高：3.8m
自重：4,152kg
総重量：5,620kg
エンジン：クリモフVK-1A
ターボジェット（推力2,900kg）
最大速度：1,058km/h
実用上昇限度：14,500m
武装：23mm機関砲×3門
乗員：1名

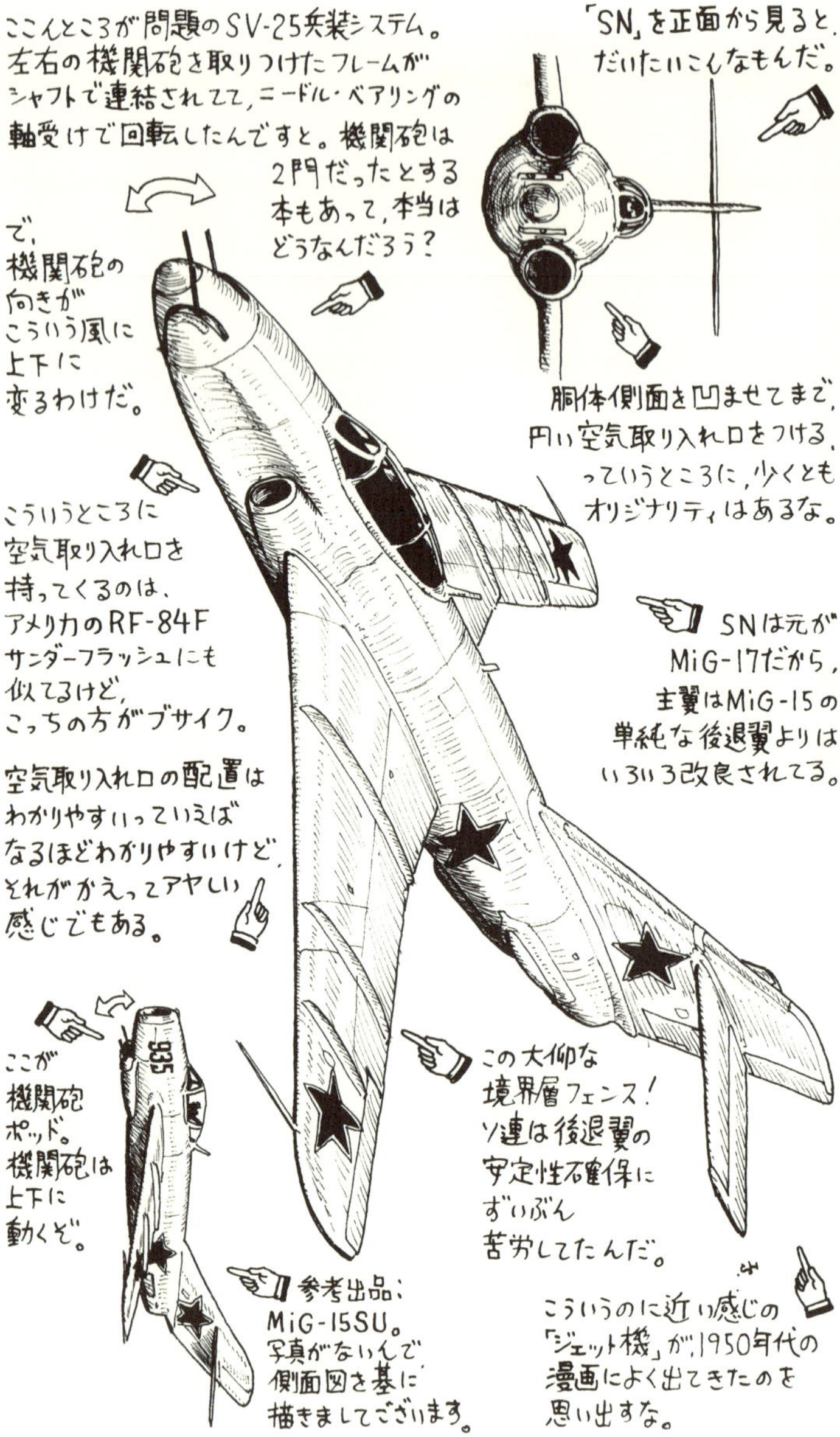
ここんところが問題のSV-25兵装システム。

左右の機関砲を取りつけたフレームがシャフトで連結されてて、ニードル・ベアリングの軸受けで回転したんですと。機関砲は2門だったとする本もあって、本当はどうなんだろう？

で、機関砲の向きがこういう風に上下に変るわけだ。

「SN」を正面から見ると、だいたいこんなもんだ。

胴体側面を凹ませてまで、円い空気取り入れ口をつける、っていうところに、少くともオリジナリティはあるな。

こういうところに空気取り入れ口を持ってくるのは、アメリカのRF-84Fサンダーフラッシュにも似てるけど、こっちの方がブサイク。

空気取り入れ口の配置はわかりやすいっていえばなるほどわかりやすいけど、それがかえってアヤしい感じでもある。

SNは元がMiG-17だから、主翼はMiG-15の単純な後退翼よりはいろいろ改良されてる。

ここが機関砲ポッド。機関砲は上下に動くぞ。

935
この大仰な境界層フェンス！ソ連は後退翼の安定性確保にずいぶん苦労してたんだ。

参考出品：MiG-15SU。写真がないんで側面図を基に描きましてございます。

こういうのに近い感じの「ジェット機」が、1950年代の漫画によく出てきたのを思い出すな。

戦闘機、特に単座戦闘機っていう種類は速くて運動性が良いのが命だけど、機関銃が前向きに付いてるのが基本だから、ちゃんと目標の方に機首を向けてやらないと射撃ができない。だからこそ速さと運動性が必要だとも言えるな。

機関銃をあっちこっちに向けてやろうとすると、旋回式機銃や銃座の付いた複座戦闘機にしなくちゃならなくて、こちらはほとんど成功例が無い。むしろボールトンポール・デファイアントみたいな駄作の方が枚挙にイトマが無いくらい。

しかし第2次世界大戦が終わって技術が進歩してくると、単座戦闘機でも機関銃の向きを変えてやることぐらいできそうになってきた。すでに戦争末期には爆撃機用のリモートコントロール銃座まで実用化されてるから、技術的な基盤はちゃんとあったのだ。機首方向以外にも機関銃を向けられれば、水平飛行しながら地上を掃射したり、上の方を飛んでる爆撃機に下から射撃したりできる。言うなれば普通の前方武装にも使えれば斜め銃としても使えて便利この上無いだろう、というわけだ。

そんなアイデアに真剣になったのが1940年代末~1950年代初頭のソ連。まずMiG-15の派生型として、37㎜NS-37機関砲2門（別の資料じゃ23㎜のSh-3だったとしていて、なんだかそっちが本当っぽい）を収めたポッドを機首下面に装備する「SU」という機体を試作した。この機関砲、上に5度、下に55度（上11度、下7度との説もある）角度が変えられるようになっていた。テストでは格闘戦や対地攻撃に使えそうだけど、照準をなんとかしなくちゃ、という結論だった。

ＳＵのテストは１９５１年８月に終わって、やっぱり実用化には至らなかったが、ソ連空軍もミコヤン・グレヴィッチ設計局はそれなりに成果はあったとして、ＭｉＧ－15の改良発展型ＭｉＧ－17の開発の際に、もう一度可変仰角式機関砲装備型を、今度はもっと本気な機体を作ってみることにした。

この「ＳＮ」と呼ばれる機体は、主翼も尾翼もエンジンも、それに胴体後半も普通のＭｉＧ－17とほぼ同じだったが、機首は全然別ものになっていた。空気取り入れ口はＭｉＧ－17では機首に開いていたのが、ＳＮでは主翼前方の胴体側面左右に設けられた。半円形や３角形にすると、きっとダクト内の空気の流れに不安があったんだろう、取り入れ口は円形で、その分機首側面がくぼんでいた。ダクトは主翼の付け根を通って、後主桁が胴体を通るキャリースルー部分のあたりで左右が合流するようになっていた。どうせ普通のＭｉＧ－17でもダクトはコクピットのところで左右に分かれてるしな。

で、機首の先端には23㎜のＴＫＢ－４９５機関砲３門が装備された。左に１門、右に２門だ。この機関砲、機首のスリットから突き出ていて、電動仕掛けで上に27度26分、下に９度48分角度が変わるようになっていた。スリットにはもちろん可動式のシールがあったから、砲身の向きが変わっても空気は機首に吹き込まない。この可変角度式機関砲はアファナーシェフとマカロフを長とするトゥーラ設計局で作られて、ＳＶ－25兵装システムという名前が付けられたんだと。この部分の重量は46・９㎏もあったそうで、おかげで重心位置が変わっちゃうから、その埋め合わせに後部胴体のナンバー３燃料タンクが拡大された。

ＳＶ－25システムに合わせて、当然照準装置も特別なものになって、それを装備できるよう、風防も長くて幅も広いＭｉＧ－17とは違う形になった。

ＳＮはミコヤン・グレヴィッチ設計局のパイロット、ゲオルギー・Ｋ．モソロフの操縦で、１９５３年の中頃からテスト飛行を開始した。

ところがＳＶ－25システムが重いせいだか、空気取り入れ口関係の設計がまずくてエンジンがうまく働かないせいだか、その両方か、とにかく性能が全然良くない。同高度での両方の数値が無いんだけど、普通のＭｉＧ－17に比べて速度は50㎞／ｈぐらい遅かったみたいだ。

しかしそれどころかもっと致命的だったのは、ＳＶ－25可変角度式機関砲がまるで役に立たないことだった。だって機関砲が重心位置から遠い機首の先端にあるから、機関砲をぶっ放すとその反動が機体のピッチ姿勢に大きく影響して、機首が上下に動いちゃう。もちろん狙ったところに弾が飛んで行くわけがない。機関砲を斜めにして目標を捉えたところで、弾が当たらないのだ。そういえば第２次世界大戦の斜め銃って、たいてい機体の重心位置の近くに装備されてたっけな。とにかくこの問題ばっかりは解決の見込みが立たなくて、ミコヤン・グレヴィッチ設計局もついにＳＮの開発をあきらめてしまった。それに間もなく空対空ミサイルが出現したから、こんな変な機関砲を無理して開発する必要も無くなった、という考え方もできるかも。

ソ連も駄目なアイデアに本気になったもんだと思うけど、実はアメリカでも同じ頃のノースロップＦ－89スコーピオンの初期にこれに似た構想があったとかいう。実行しなかった分だけアメリカの方が利口だったな。

イラストで見る
航空用語の基礎知識
basic knowledge

空気取り入れ口

F-84Fサンダーストリークは機首から空気を入れる。

これはNo.898Sqn.の機体。

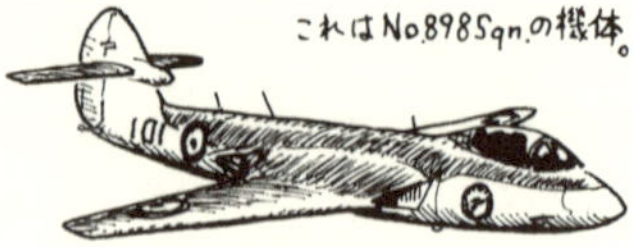

主翼付け根から空気を取り入れたホーカー・シーホーク。

ジェット・エンジンには空気がすんなり入ってくれないと、エンジンの性能が悪くなっちゃう。だから空気取り入れ口の場所や形もそれなりにいろいろと考えなくちゃならない。初期には機首にそのまま口を開けたり、エンジンに近くて、コクピットが邪魔にならない主翼付け根に設ける例が多かった。

第8戦闘爆撃航空団のF-80C。朝鮮戦争に出撃した。

シーホークは単発で、ジェットの排気も左右に分かれて出るようにしてた。

初期のジェット機の中じゃ、ロッキードF-80の空気取り入れ口は、その形状といい、位置といい、周辺の処理といい、かなり凝ってた。さすがロッキード。

円を半分に割ったような形のF-104の空気取り入れ口。

取り入れ口が円形のE.E.ライトニング。

超音速機になると、エンジンに入る空気が音速以下になって落ち着いて吸い込めるように、取り入れ口の前で衝撃波を作ってやることが必要になってきた。空気取り入れ口の中にコーン（円錐）を置くのもその方法の一つで、いろんな機種で採用された。

タテ長の空気取り入れ口と、境界層よけのベーンの組み合わせはF-4ファントムやMiG-23で使われてる。

ナナメにカットしたみたいな形のF-15の空気取り入れ口。
F-14やSu-27、MiG-25～31も同じだ。
マッハ2以上の機体だと、空気流量を調節するために、取り入れ口のコーンや内部の可動板が動くシカケが用いられてる。

File No. 18

駄作の2歩先には傑作機

スーパーマリン・タイプ224
Supermarine Type224

全幅：14.0m
全長：9.0m
全高(尾部上げ姿勢)：3.6m
自重：1,552kg
総重量：2,151kg
エンジン：ロールスロイス・ゴスホークⅡ
蒸気冷却V型12気筒(600hp)×1基
最大速度：367km/h
実用上昇限度：11,825m
高度4,570mまでの上昇時間：9分30秒
武装：7.7mm機関銃×4門
乗員：1名

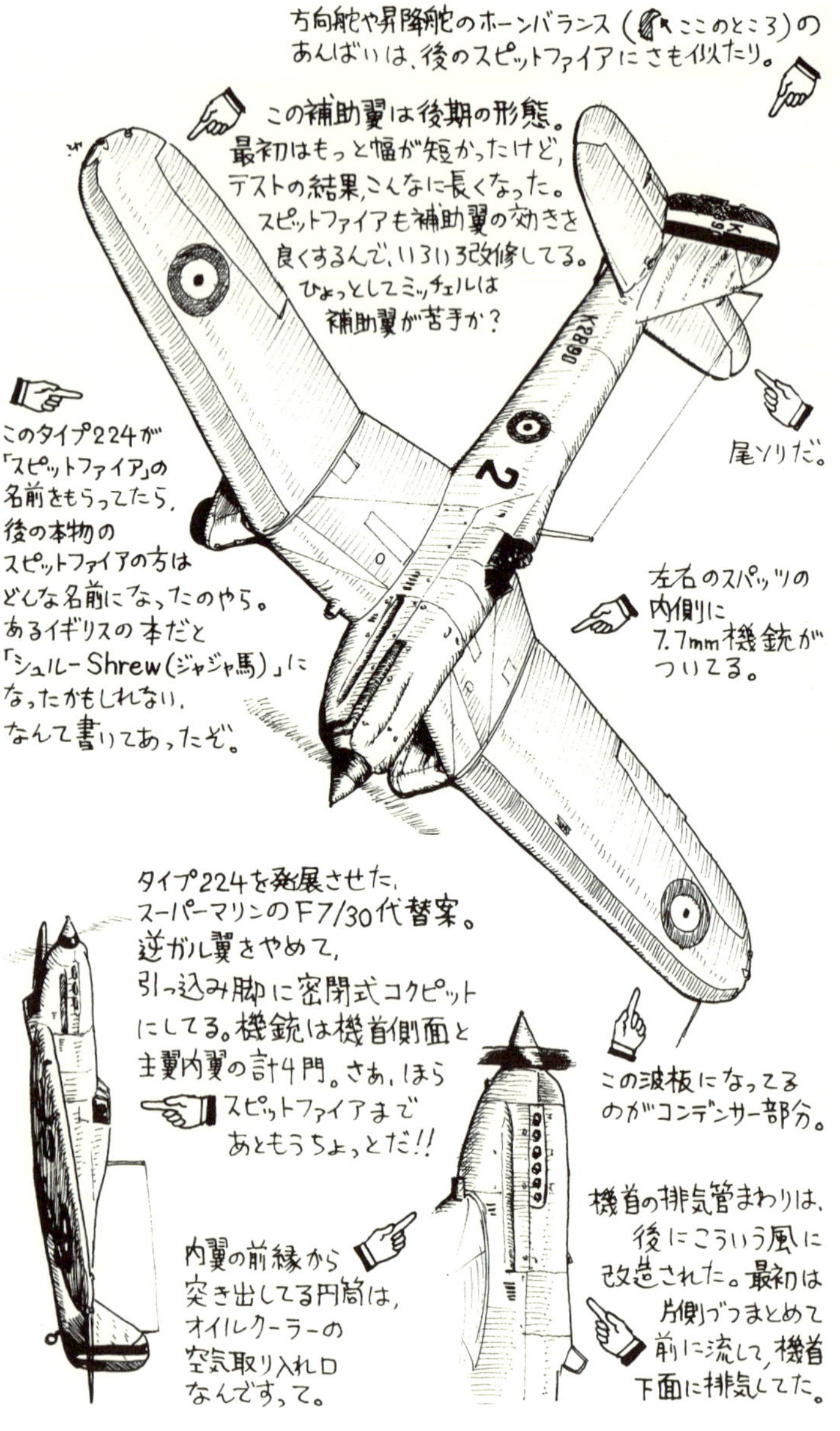
方向舵や昇降舵のホーンバランス（ここのところ）のあんばいは、後のスピットファイアにさも似たり。

この補助翼は後期の形態。最初はもっと幅が短かったけど、テストの結果、こんなに長くなった。スピットファイアも補助翼の効きを良くするんで、いろいろ改修してる。ひょっとしてミッチェルは補助翼が苦手か？

K2890
2
尾ソリだ。

このタイプ224が「スピットファイア」の名前をもらってたら、後の本物のスピットファイアの方はどんな名前になったのやら。あるイギリスの本だと「シュルー Shrew（ジャジャ馬）」になったかもしれない、なんて書いてあったぞ。

左右のスパッツの内側に7.7mm機銃がついてる。

タイプ224を発展させた、スーパーマリンのF7/30代替案。逆ガル翼をやめて、引っ込み脚に密閉式コクピットにしてる。機銃は機首側面と主翼内翼の計4門。さあ、ほらスピットファイアまであともうちょっとだ!!

この波板になってるのがコンデンサー部分。

内翼の前縁から突き出してる円筒は、オイルクーラーの空気取り入れ口なんですって。

機首の排気管まわりは、後にこういう風に改造された。最初は片側づつまとめて前に流して、機首下面に排気してた。

イギリス航空省が新戦闘機要求仕様F７／30を発した１９３１年12月、時代はちょうど複葉機から単葉機への歴史の曲がり角にさしかかっていた。でも当時のメーカーにはまだ単葉機への道筋がはっきり見えてなかったし、この要求仕様が「お薦めエンジン」としていたロールスロイス・ゴスホークが、これまた蒸気冷却なんぞという変物だった。おかげでF７／30に合わせてイギリス主要メーカーが試作した戦闘機は、結局どれもこれもダメ飛行機になってしまった。曲がり角どころか障害物競走だな。だからイギリスきっての名設計家ですら、このF７／30には蹴っつまづいて転んでしまった。スーパーマリン社のレジナルド・ミッチェルだ。

F７／30仕様提示の３ヶ月前、イギリスのスーパーマリンＳ６Ｂは国際水上機競走のシュナイダートロフィーに優勝して（といってもこの年はイギリス以外の国は出走しなかったんだけど）、トロフィーの永久保持権はイギリスのものとなった。そのスーパーマリンＳ６Ｂを設計したのがミッチェルだから、スーパーマリン社のF７／30試作機、タイプ２２４はイギリス中から大きな注目と期待を集めたようだ。今の日本でいえばタミヤの１／32新製品かも。

F７／30ではホーカーやブラックバーン、ウェストランドが複葉機で応えたが、スーパーマリンはヴィッカースとともに単葉機を作った。ちなみにブリストルは複葉と単葉の２機種を試作して、どちらも失敗に終わってる。またヴィッカースのF７／30は空冷星型エンジンだったから、V型12気筒のゴスホーク装備で単葉なのはミッチェルのスーパーマリン２２４だけだった。Ｓ６Ｂの経験が基になってるんだな。

スーパーマリン２２４の主翼は風洞試験の末に逆ガル翼とされた。脚が短くできて抵抗が減らせるからだろうな。主翼の前縁の表面には、エンジンを冷却した蒸気を水に戻すコンデンサーが、脚より外側のほぼ全幅に張られていた。こうすればコンデンサーを機体の外に突き出して抵抗を増やすことも無いわけで、ミッチェルはできるだけ抵抗の少ない、高速の機体を目指していたのだ。Ｓ６Ｂも胴体やフロートの表面にラジエーターが貼り付けられていたから、ここもＳ６Ｂの影響ってことになる。でも脚はスパッツ付きの固定脚。まだ引き込み脚は広く実用化されてなかったから、仕方ないところだな。そのスパッツに2門、機首側面に2門の7・7㎜機銃が装備されて、Ｆ７／30の要求に合わせていた。機体の構造は、胴体が金属セミモノコック、主翼が金属桁で前縁金属張り（コンデンサーが付いてるから）、後半が羽布張りだった。

航空省は１９３２年2月にスーパーマリン２２４の設計案を受け取って、早速試作発注した。各社の案の中でも一番速そうだったからだろうな。でも試作機の製作にはえらく時間がかかった。エンジンのゴスホークがそもそも開発未熟で、しょっちゅうトラブルや故障を起こして、なかなか引き渡されてこなかったのだ。機体の方も細かい設計変更が繰り返されて、主翼の後縁にはフラップも追加されることとなった。それやこれやでスーパーマリン２２４の試作機製造には20ヶ月もかかってしまい、試作機Ｋ２８９０が初飛行したのは発注から2年後の１９３４年2月のことだった。

この頃にはミッチェルを中心とする設計陣も、なんだかこの機体じゃうまくいかなそうな気がするようになっていた。問題の一つは主翼の翼型の選ぶのに、失速特性を心配しすぎて厚い翼断面形を採用したことだった。おかげで抵抗が大きくて、所定の速度が出せなそうだったのだ。しかも設計変更のせいで機体重量も予定を

310kg以上も超過していた。心配どおり、スーパーマリン224の最大速度は所定の386km／hに20km／h及ばず、367km／hどまり、逆に着陸速度は要求仕様の最大許容限度より16km／hほど速かった。抵抗が大きくて速度が出ない原因の一つは、主翼前縁のコンデンサーだった。これが蒸気で暖まって膨張すると、主翼がゆがんで抵抗を増やしていたのだ。

ミッチェルとしてはこの不成績にも特別驚きはしなかった。自分でも不出来な飛行機と思っていたのだな。スーパーマリン社はこの224の設計を改めて、ゴスホークの冷却問題が解決して出力向上が見込めるならという条件で、主翼を真っ直ぐにしたり、脚を引き込み式にしたりする改良案を航空省に提示して、予算を付けてもらった。しかしミッチェルの頭の中にはすでに全く新しい戦闘機、つまり後のスピットファイアとなる機体の姿が浮かび始めていた。航空省もスーパーマリン社との話し合いで、そちらの新構想の方に関心を移して、結局スーパーマリン・タイプ224の開発はそこで終わってしまった。K2890は1935年からファーンボロの王立航空試験所で雑用機に使われた末、最後には射撃標的にされたんだそうだ。

スーパーマリン社はタイプ224を「スピットファイア」と呼ぶつもりだったが、航空省は認めなかった。で、後の名戦闘機が正式にスピットファイアになったんだけど、ミッチェルはこの名前、全然気に入ってなかったらしいぞ。

イラストで見る航空用語の基礎知識 basic knowledge ☞ スピットファイア

第2次大戦のイギリス戦闘機といえば、まずスピットファイア。大戦前から大戦後まで、海軍向け艦上型シーファイアも含めて2万3000機ぐらい作られた。日本人の零戦大好き度より、イギリス人のスピットファイア・ラヴ度の方が強いかもしれない。

試作機K5054。全面明るいブルーグレーだったらしい。

胴体は全金属モノコック構造。

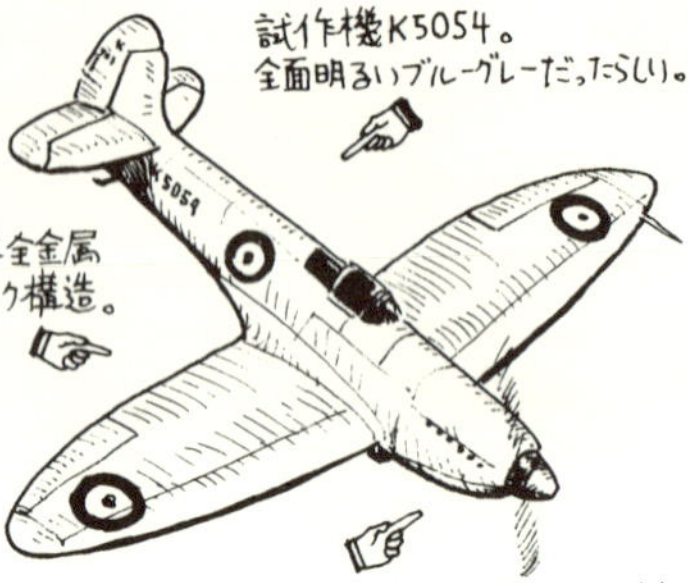

ダエン翼の設計が絶妙。薄かったおかげで高速性能が良かったし、面積が大きいんで運動性や上昇性能も良かった。将来の重量増加にもそのまま対応できたし。作るのは面倒らしいけど。

エンジンはロールスロイス・マーリン液冷V型12気筒。将来発展性が大きかったのがとっても幸いした。

サンドとダークアース、下面エイジュア・ブルーの砂漠塗装。

翼端を尖らせた高々度戦闘機Mk.VII。170機しか作られなかったレアモデル。上面ライトシーグレー、下面エイジュア・ブルーの塗装。

2段スーパーチャージャーつきエンジンで、無武装の高々度高速偵察機のMk.XI。全面PRUブルーの塗装。

数あるマークの中でも一番多く作られたMk.V。これは低空の運動性を良くするために翼端をチョン切って、機首下面に熱帯用フィルターをつけた機体。

2000馬力のロールスロイス・グリフォンをつけたMk.XIV。垂直尾翼が大きくなった。一部はこんなバブル・キャノピーつき。

スピットファイア系列の最終型シーファイアFR.Mk47。

2重反転プロペラになった。

第2次大戦後に作られた。

主翼も大きくなってるぞ。

これはカナダ人エースのジョニー.E.ジョンソンの乗機のつもり。1945年5月ごろ。おなじみダークシーグレーにダークグリーンの塗装だけど、主翼上面のラウンデルは黄フチつきのタイプC。

File No. 19

取り柄なし、エンジンなし、必要なし

カーチスXF14C-2

Curtiss XF14C-2

全幅：14.0m
全長：11.5m
全高：3.8m
自重：4,800kg
総重量：6,081kg
エンジン：ライトXR-3350-16
空冷星型18気筒(2,300hp)×1基
最大速度：630km/h
実用上昇限度：12,040m
航続距離：2,180km
武装：20mm機関砲×4門
乗員：1名

3枚ブレード×2の2重反転プロペラ。
それで後ろの3枚はカフスがついてるけど、
前の3枚はカフスが
なかったりする。

胴体中央の下から
出っぱってるのは、
たぶん排気タービンの
排気口。主翼付け根は
きっとインタークーラーの
空気取り入れ口だろうな。

XF14C-2って、日本の紫電改と
似たような時期に作られて、
武装も同じ。自重は
XF14C-2の方が8割近く
重くて、総重量は5割増し。
翼面積もほぼ5割大きい。
それで速度はXF14C-2が
30km/hほど速くて、
上昇性能も同じくらい。
それなのに紫電改は
みんな大好き傑作機で、
XF14C-2は
ただのダメ飛行機。

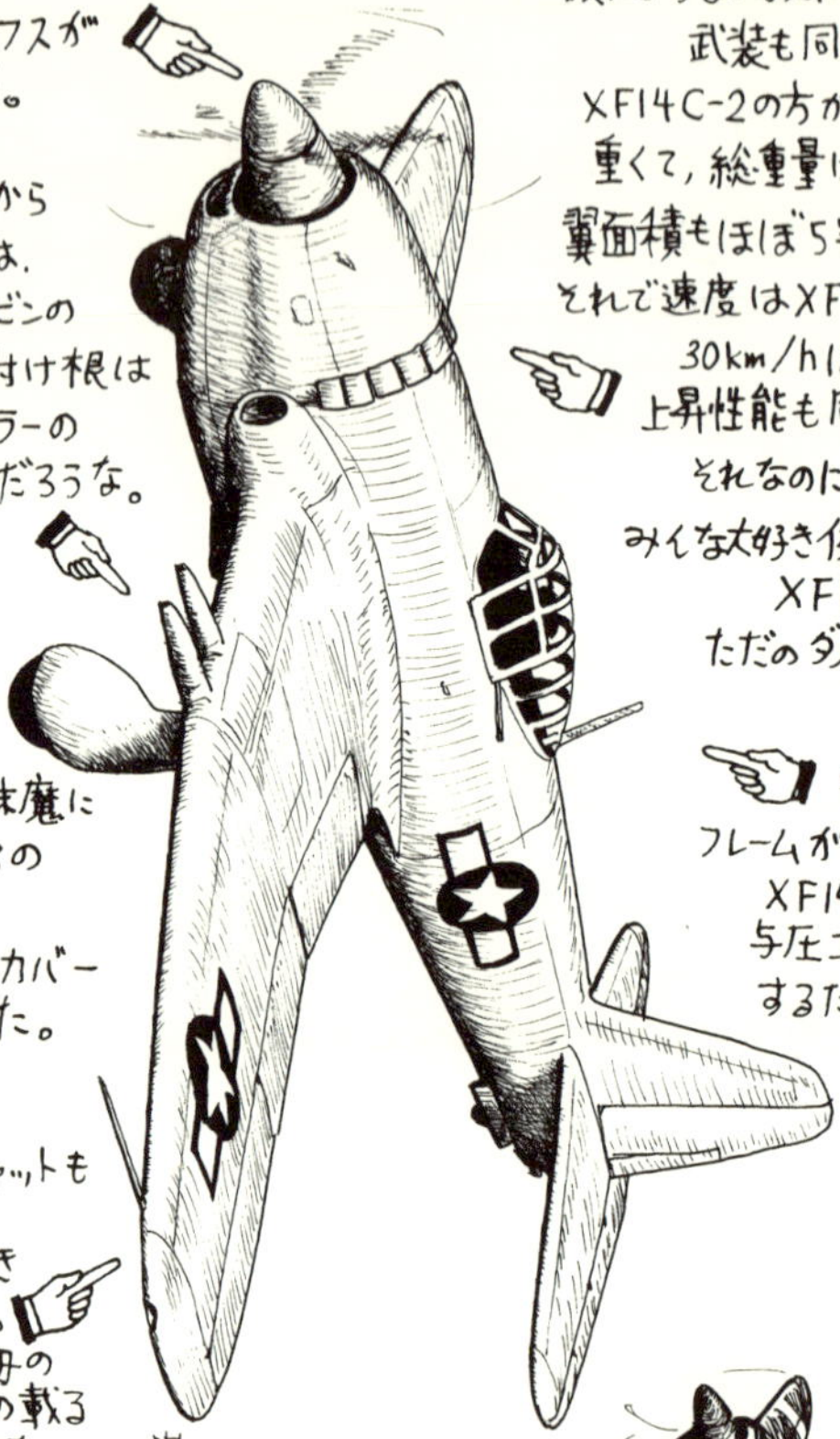

カーチス社が断末魔に
なりかかったころの
飛行機には、
こんな形の脚カバーの
例が多かった。
P-60とか。

キャノピーの
フレームが多いのは、
XF14C-3で
与圧コクピットに
するためかしら。

もうF6Fヘルキャットも
F4Uコルセアも
あったし、もうじき
F8Fベアキャット。
エセックス級空母の
甲板にF14Cの載る
場所はないわな。

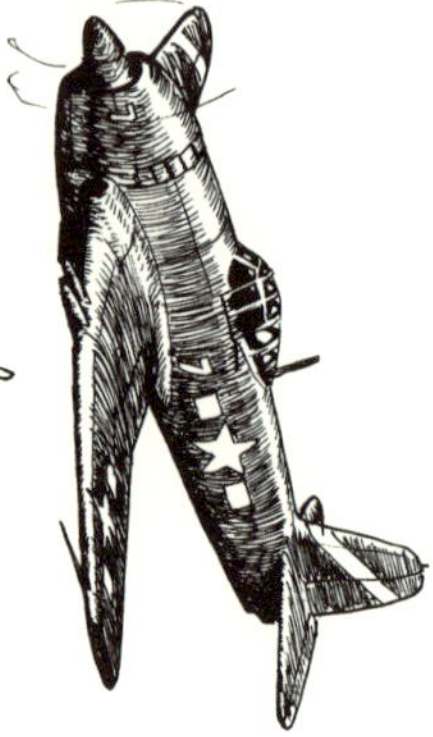

カーチスXP-62のときも実戦機風の塗装にした
絵をそえたんで、XF14C-2もダークブルー塗装
っぽく描いてみました(モノクロだけど)。
たった1機の試作機(Bu.No.03183。
元はXF14C-1。もう1機のXF14C-1=03184は
キャンセル)は、写真を見るとライトグレーっぽいけど、
あるいは黄色とか? あとXF14C-3も2機発注
されて、Bu.No30297と30298をもらったけど
もちろんキャンセル。

アメリカ海軍の艦上戦闘機をたくさん作ってきたメーカーっていうと、すぐに思い浮かぶのがグラマン、ちょっと思い出すとマクダネルやチャンスヴォート、それからダグラスが出てくるだろう。そのもっと前、複葉機の時代にはカーチス社があった。カーチス社は昔のアメリカの大メーカーで、飛行艇やらレーサーやら練習機やらで、早くから海軍ともなじみが深くて、艦上戦闘機でも1920年代後半のF6C（陸軍のP–1の艦上型みたいなもんだ）を始めとして、1930年代初期のF11Cゴスホークやそれを引き込み脚にした戦闘爆撃機BF2Cが広く使われてた。

1930年代後半になってくると、カーチス社は陸軍のP–36やP–40で単葉引き込み脚戦闘機に踏み込んでいたが、海軍戦闘機の方はパラソル翼のXF12Cや高翼単葉と複葉交換式（!?）のXF13Cみたいな変物、いや実験的な機体しか作っていなかった。それが久々にまともな艦上戦闘機の開発に立ち戻ったのは、1941年6月にXF14C–1の試作発注を受けた時のことだった。いや、あんまりまともとも言えないかも。だってこのXF14C–1、液冷H型24気筒2200馬力の化け物エンジン、ライカミングXH–2470を装備する機体の研究計画から発展して、試作発注に進んだもんだ。アメリカ海軍は、空母の上で使う艦上戦闘機には冷却関係にあんまり手のかからない空冷エンジンの方が便利だとはわかってたけど、ヨーロッパの戦争を見てると、Bf109だのスピットファイアだの、液冷エンジンが大活躍してたんで、ちょっとやってみようと思ったみたいだ。XF14C–1と同じ頃に、グラマンには単発のF6Fと双発のF7Fの試作を発注してるから、ちょうど艦上戦闘機のブレークスルーを探してた時期でもあるんだろうな。

当初の見積もりではＸＦ14Ｃ−１は総重量５７５６kg、20mm機関砲を４門装備して、高度５２００ｍで最大速度６０２km／h、実用上昇限度９３００ｍという性能だった。２０００馬力超のエンジンを使ってこの性能じゃ、ちょっといかがなものかなと思うんですけど、アメリカ海軍もそう感じたらしくて、もっと高高度性能を良くしようと要求してきた。そうは言っても肝心のエンジンが、実はというかやっぱりというか、信頼性が足りなくて開発が難航してた。そもそもＸＨ−２４７０は重量が本体だけで１１００kgもある。空冷星型のプラット＆ホイットニーＲ−２８００ダブルワスプはターボチャージャー込みでだいたい同じくらいの重さでやっぱり２０００馬力超、しかもこの頃すでに実用化の目処が立っていたから、ＸＨ−２４７０の立場は危なくなってたのだな。

カーチス社としては、どうせ高高度戦闘機にするんなら、いっそのこと厄介なＸＨ−２４７０エンジンをやめちゃいたかったんだろう、代わりに開発中の高高度用強力エンジンのスーパーチャージャー付きライトＲ−３３５０サイクロン18を装備するよう、設計を改めたＸＦ14Ｃ−２を提案して、そっちの方が試作されることになった。実を言うとこの１９４２年頃はＲ−３３５０も故障続出でえらく苦労してた。それより信頼性が低いと見なされたんだから、ＸＨ−２４７０って相当なエンジンだぞ。

ＸＦ14Ｃ−２はコクピットが非与圧式だったけど、考えてみれば高度１万ｍ以上で飛行する高高度戦闘機を目指してるんであって、カーチス社では与圧コクピット付きのＸＦ14Ｃ−３の設計も進めることになった。かくしてＸＦ14Ｃ−２は１９４３年９月に初飛行はした。しかしＸＦ14Ｃ−２は２０００馬力超のＲ−３３５０エンジンに2重反転プロペラを付けてたのに性能が足りないのだった。最大速度は高度9750mで630km／hぐらい。飛行高度は高くても、速度はたいしたことない。同じ頃にカーチス社は陸軍の高高度戦闘機XP－62でもやっぱり性能不足で失敗してるし、どうかしちゃってたみたいだ。しかもプロペラだかエンジンマウントだか、どっかがまずかったのか振動がひどい。

つまりXF14C－2そのものからしてすでに駄目だったわけだけど、それに加えてエンジンのR－3350は新型重爆撃機のB－29に使うんで、他の機種に回す分なんか無かった。さらに言うと、日本機が高高度を飛んでくることなんか無かったから、考えてみるとアメリカ海軍には高高度戦闘機の必要も無かった。機体が駄目で、エンジンがもらえなくて、しかも必要無い。XF14C－2は初飛行から10ヵ月後の1944年7月に海軍に引き渡されたけど（つまり延々と社内テストを繰り返してたんだろう）、それでどうなるわけもなく、開発は中止になった。ついでに言うとライカミングXH－2470エンジンも、XF14C－1が1943年12月に中止されて装備する飛行機が無くなっちゃったから、事実上開発は中止された。

XF14C－2は、アメリカ陸海軍の戦闘機メーカーとして名高いカーチス社の、最後の「純レシプロ」戦闘機となった。そう、カーチス社の悪あがきにはまだ少し先があったのでした。

グラマン

グラマン社の第1作、1931年初飛行の
艦上複座戦闘機FF-1。偵察型SF-1ともども
60機が作られて、「フィフィ」とあだ名された。
スペイン内乱の共和国政府向けにカナダで
ライセンス生産されて、一部はカナダ空軍が引き取って
「ゴブリン」と名付けられた。あとニカラグアと日本にも
1機づつ輸出されたそうだ。
とにかく、これがF-14トムキャットまで続く、
グラマン艦上戦闘機のはじめなり。

FF-1っていうと、
ファミコンのあのRPGみたい。
グラマンの戦闘機がネコ化するのは
F4Fワイルドキャットから。
そうそう、社名は創立者の
ルロイ・ランドル・グラマンから。

最初の単座戦闘機、
F2F-1。1933年に
初飛行して1940年まで
現役だった。これから
発展して、F3Fができて、
その先にF4Fが
登場するのだった。

タドポールとは
オタマジャクシ
のこと。

1944年のG-55タドポール水陸両用機。
売れる見込みがなくて1機試作しただけ。

グラマン社は中～小型の
飛行艇もいろいろ作ってる。この
G-21グース(海軍名JRF)とか
G-44ウィジョン、G-64アルバトロス、
G-73マラードとか。こちらは鳥シリーズだ。

1957年の複葉機、系列会社のグラマン・アメリカン社で
作ったG-164アグキャット農業機。種マキや
農薬散布に使う。アメリカ産のトウモロコシや小麦製品で
間接的にお世話になってるかも。

第2次大戦後の民間機
市場を狙ったG-63キトゥン
軽飛行機。引っ込み脚だ。
試作1機のみ。

ディズニーのアニメに出てきた
小さな飛行機がこれに似てるな。

File No. 20

運命のあっち側

アヴロ・マンチェスター………（前編）

アヴロ・マンチェスター

Avro Manchester

全幅：24.4m
全長：20.8m
全高：5.9m
自重：11,775kg
総重量：20,412kg
エンジン：ロールスロイス・ヴァルチュアⅠ
液冷X型24気筒（1,760hp）×2基
巡航速度：473km/h
武装：なし
乗員：7名
（データは試作1号機L7246）

試作2号機L7247の尾部。
水平尾翼の幅が広がって
垂直尾翼も大きくなった。
銃座はナッシュ&トンプソンの
FN4だけど、機銃は2門。

アヴロ・マンチェスターの試作1号機、
シリアルL7246。主翼幅は量産機より
3mほど短い、ていうのは設計段階の
性能見積りが大違いだったってことだな。
塗装はどうやら上面ダークアース
&ダークグリーン、下面が黒だった
みたいだけど……。

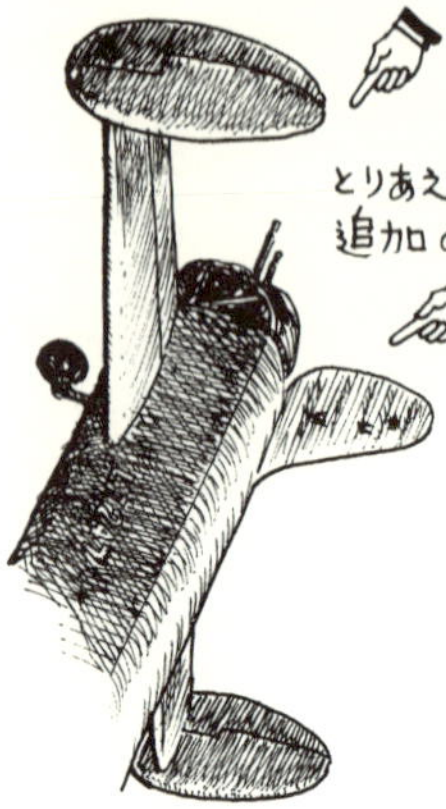

とりあえずつけてみた
追加の垂直尾翼。
変なの。

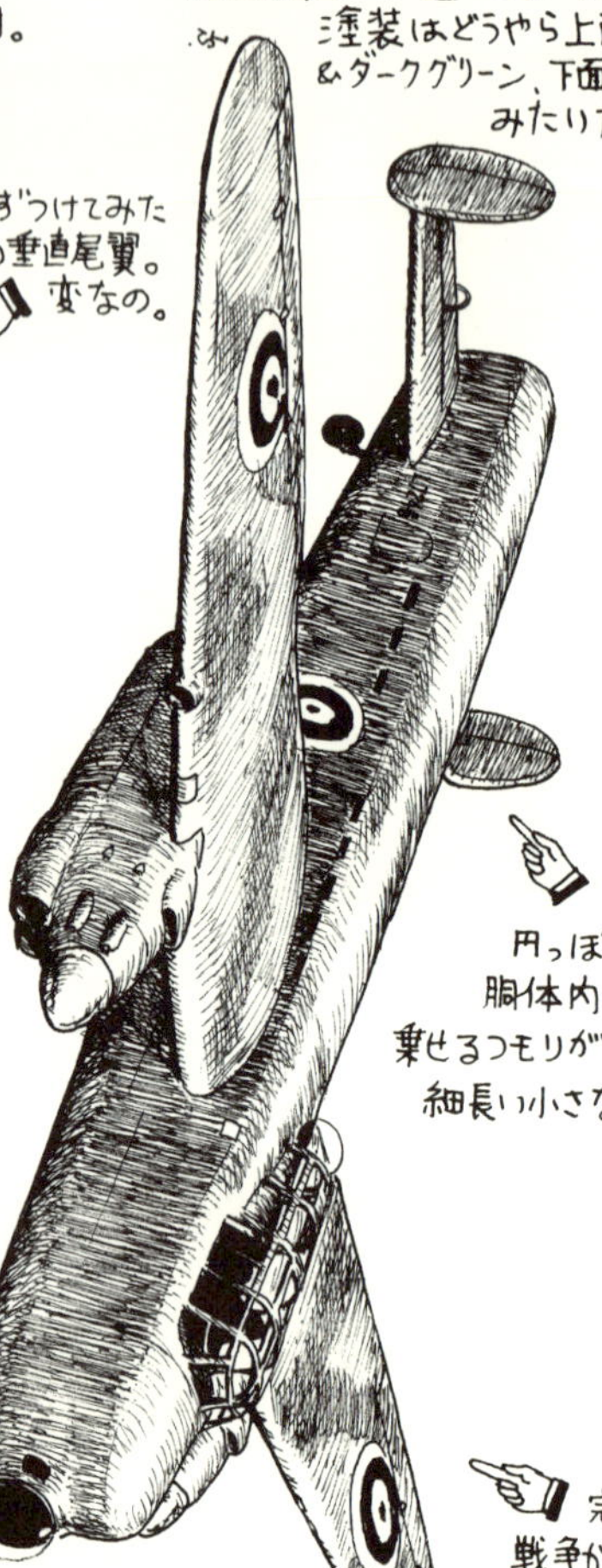

マンチェスターの
ヴァルチュアのカウリングって、
いろんな空気取入口が
出っぱってたり、
円いラジエーターが
二つ並んでたりして、
なんかパワフルそうで、
しかもいかにも
問題ありげで
かっこいいなあ。

垂直尾翼は
円っぽいタマゴ形。
胴体内には兵員を
乗せるつもりがあったから、
細長い小さな窓がある。

X型24気筒の
ヴァルチュア・エンジンの
シリンダー配置は
こんなぐあい。

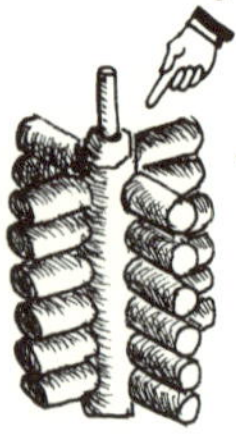

24本のコンロッドが、
たった1本のクランクシャフトをめぐって
つかみ合いをくりひろげる。
そのクランクシャフトがどんなカタチだったか、
わたしゃもう責任持てんぞ。

完成してから
戦争が始まるまで、
短い間だったけど、
左の主翼の下側に
大きく（たぶん白で）
L7246って
書いてあった。

しばしば飛行機の運命ってエンジンで決まっちゃう。P－51マスタングはマーリン・エンジンと出会ったせいで傑作機になったし、ハリアーなんてペガサス・エンジンがなければ出現すらしなかったはずだ。だからダメなエンジンをあてがわれると、どんなに機体の設計が良くてもダメ飛行機としての運命をたどっちゃうのであります。アヴロ・マンチェスターのように。

１９３６年、イギリス航空省は高性能の重爆撃機を求めて、仕様Ｐ13／36を提示した。ちょうどイギリスじゃ単葉引き込み脚爆撃機の第1陣、アームストロング・ホイットワース・ホイットレーとかハンドレーページ・ハンプデン（正しい発音を気取るなら「ハムデン」か）、ヴィッカース・ウェリントンが初飛行した頃で、それよりも優れた機体の計画が早くも動き出したわけだ。ちなみに同じ１９３６年には、搭載量を重視した別の重爆撃機の要求仕様Ｂ12／36が出ていて、これが後にショート・スターリングとして実用化される。

さて仕様Ｐ13／36は、当時ロールスロイス社で開発中の新型高性能エンジン、ヴァルチュアを使用するよう求めていた。このヴァルチュア、X型24気筒というものすごい気筒配置だったが、それもそのはず、小型軽量のV型12気筒液冷エンジンのペリグリンを基礎に、それを上下にくっつけたような構成になってた。つまり4つのシリンダーバンクの全部で24のピストンからのコンロッドが、たった1本のクランクシャフトをよってたかって回すわけだ。こうすれば軽くてコンパクトで、前面面積が小さくて、つまり飛行機に積んだ場合の抵抗が少なくて、それでいて１７００馬力級の出力が得られるんだから都合がいい。そのかわり設計は複雑になるし、特に潤滑系統なんかはとんでもなくややこしくなったけど。

仕様P13／36に応えて試作発注をもらったのはアヴロ社のタイプ679マンチェスターと、ハンドレーページ社のHP56だった。ところがハンドレーページの方は、ヴァルチュア開発ペースが予定より遅れそうなんで、航空省とかけあってマーリン4発のHP57に設計を変更させてもらった。大搭載量のB12／36仕様の方に逃げたのだな。これが後のハリファックスだ。

そんなわけでヴァルチュア双発の高性能爆撃機を目指すのは、ロイ・チャドウィックが設計するマンチェスターだけになった。仕様の細部が決まってくるにつれて、機体の設計の方も次第にまとまり、2000ポンド爆弾の代わりに21インチ（53・3㎝）直径の魚雷2本を搭載できるように、ということになってたんで、胴体の下側には長くて大きな爆弾倉が設けられた。おまけに兵員12人を乗せられるように、胴体は四角っぽい断面になった。武装は機首と尾部、それに胴体腹部に銃座を置いて、尾部銃座の射角が広く取れるように双尾翼配置になった。パイロットの全周視界が求められてたから、操縦席は高い位置にあって、キャノピーで覆われた。

主翼は爆弾倉の上で胴体を貫通してるから中翼配置で、内翼部分は長方形、エンジンナセルより外側からテーパーが付いてた。この主翼の平面形って、もし4発にしようと思ったら、内翼部分を伸ばすだけで割と簡単にできそうな感じがする。チャドウィックは狙ってたかな？

マンチェスターの試作1号機、シリアルL7476は、ヨーロッパにいよいよ戦雲濃くなる1939年の7月に初飛行した。早速わかったのは、縦安定と方向安定が悪くて操縦が重いこと。それに離陸距離がえらく長いこと。機首銃座も付いてない、軽い試作機なのにこれは困る。エンジンについてはとりあえず文句無し。ただちょっと温度が高くなりすぎる気配はあった。

そこで量産原型となる試作2号機（L7247）では、主翼の外翼部分を伸ばして、尾翼を大型化、補助翼や昇降舵のヒンジやバランスを見直すとかの改修が加えられて、エンジンも出力制限無しで回せるようになった。これで1940年5月に初飛行すると、縦安定と操縦性はだいぶ良くなったし、離陸距離なんか30％も短くなった。方向安定は手っ取り早く胴体尾部にもう1枚垂直尾翼を立ててなんとかすることにした。やれやれ、たぶんこれで行けそうだ、

と思ったら、銃座が問題だった。機首銃座を回すと機首が振られて、機体が異常振動するのだ。どうやら胴体側面の気流の乱れが大きいらしい。おまけに尾部銃座を旋回させると、今度は昇降舵の操縦系統に振動が起きる。このトラブルはしつこくつきまとって、結局、機首銃座をちょっと前進させて、尾部銃座の前にはシュラウドを付けて改善させることができた。

一方、1号機のエンジンをオーバーホールしてみると、メインベアリングが異常磨耗していることがわかった。潤滑油の温度が上がりすぎて、あっという間に粘性が無くなってしまうらしい。そこで主翼前縁にオイルクーラーを増設することになったが、同じヴァルチュアを使うホーカー・トーネード試作戦闘機でも、やっぱりエンジンの温度上昇に悩まされていたから、どうも事の本質は、オイルクーラーがどうのこうのどころじゃなさそうだったのだ……と、お話はさらに続くのでした。

イラストで見る航空用語の基礎知識
basic knowledge

アームストロング・ホイットワース・ホイットレー

イギリス初の全金属製単葉
引っ込み脚爆撃機となったのが、
アームストロング・ホイットワース・ホイットレー。
1934年のB3/34仕様で作られて
1936年に初飛行した。量産発注は
それより早くて1935年だから、
これを制式採用とすれば、日本式にいうと
「九五式重爆」ってことになるんだろうな。

エンジンは
アームストロング・シドレー・タイガー。

最初の実用型ホイットレーⅠ。このK7191は
No.10 Sqn.の所属ってことになってるけど、
コードレターを書いてないから、見ただけじゃ、
どの部隊だかわからんじゃないか。

モノコック構造を作るのが
難しいから、曲面の単純な
四角っぽい胴体にした。

えらく分厚い主翼。
設計者はジョン・ロイド。

銃座が間に合わなかった
機体もあったようだ。

ホイットレーⅣからはマーリン・エンジンに切り替えて、
Ⅴ型が一番多く作られた(総生産数1811機のうち
1445機)。ホイットレーは初期の爆撃作戦に働いて、
ベルリンやトリノまで夜間爆撃しに行った。
まっ黒なNo.78 Sqn.のホイットレーⅤ(Z6640)。

ホイットレーは1942年4月には
ボマー・コマンドから退役したけど、
コースタル・コマンドの対潜哨戒機
ホイットレーⅦが作られて、他に
グライダー曳航やパラシュート部隊・
工作員の降下とかに1943年ごろまで
働いた。ホイットレーのパイロットには、
レオナード・チェシャーやジェームズ・B・テイト
みたいに、後に有名な指揮官に
なった人がいる。

主翼の迎え角が大きいから、機首が
下がったような飛行姿勢になるのが本当。

No.502 Sqn.のホイットレーⅦ。
背中やいろんなところに
レーダー・アンテナがある。

File No. 21

運命のあっちとこっち

アヴロ・マンチェスター……（後編）

アヴロ・マンチェスター
Avro Manchester

全幅：27.5m
全長：21.1m
全高：5.9m
自重：13,350kg
総重量：25,401kg
エンジン：ロールスロイス・ヴァルチュアI
　液冷X型24気筒（1,760hp）×2基
最大速度：426km/h
実用上昇限度：5,850m
航続距離：2,623km
武装：爆弾4,695kg
　7.7mm機銃×8門
　（機首と背部に連装銃座、尾部に4連装銃座）
乗員：7名
（データはマンチェスターI）

マンチェスターの量産1号機の
シリアル・ナンバーがL7276だから、
このL7284 D◎EMは
ごく初期の機体で、
No.207Sqn.への実戦配備
第一陣のうちの1機でもある。
1941年2月25～26日の、
マンチェスターの実戦初出撃、
ブレスト港爆撃にも、
P.R.バートン-ガイルズ中尉の
操縦で参加してる。後に
No.61Sqn.に移って、
1943年6月に除籍。

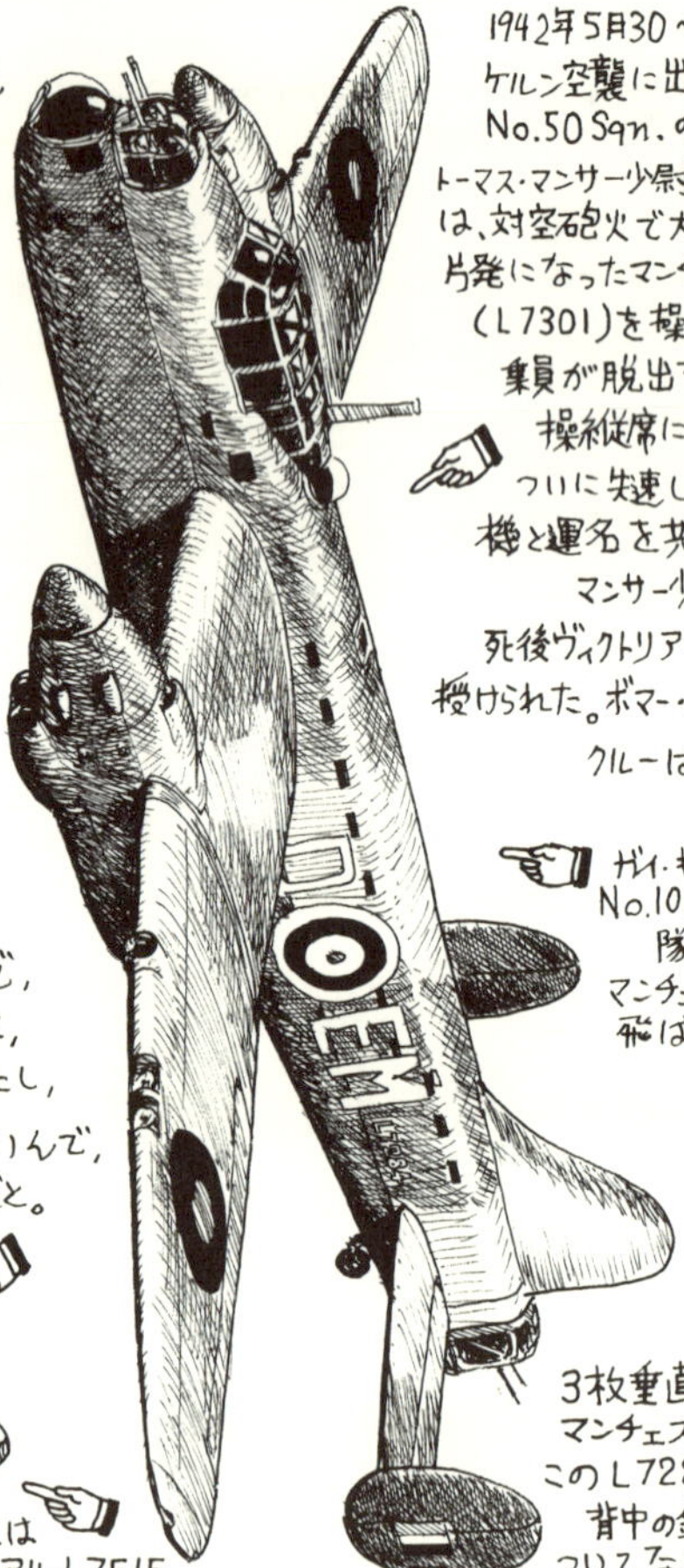

1942年5月30～31日の
ケルン空襲に出撃した、
No.50Sqn.のレスリー・
トーマス・マンサー少尉(20歳)
は、対空砲火で大破して
片発になったマンチェスター
(L7301)を操り、他の
乗員が脱出するまで
操縦席に留まり、
ついに失速して墜落、
機と運命を共にした。
マンサー少尉には
死後ヴィクトリア・クロスが
授けられた。ボマー・コマンドの
クルーは大変だ。

背部の銃座は
フレイザー・ナッシュのFN7。
ショート・サンダーランドや
ブラックバーン・ボウタと
おそろいだ。
でも非対称なカタチなもんで、
旋回すると気流が乱れて、
操縦性に悪影響があったし、
狭苦しいし、脱出が難かしいんで、
銃手に評判が悪かったんだと。

ガイ・ギブソンは
No.106Sqn.の
隊長として、
マンチェスターを
飛ばしてた。

3枚垂直尾翼の
マンチェスターI。
このL7284には
背中の銃座が
ついてないのよ。

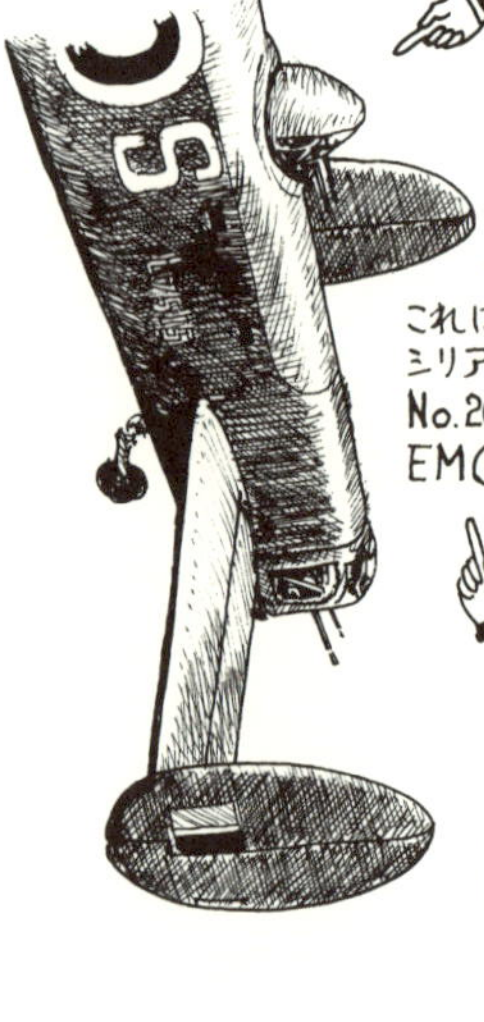

これは
シリアルL7515、
No.207Sqn.の
EM◎S。

マンチェスターを使った部隊は、
No.207, 97, 61, 83, 106, 49, 50
の各スコードロン(配備順)。

ランカスターみたいに水平尾翼を延ばして、垂直尾翼も
細長くて背の高い形にしたのがマンチェスターIA。
シリアルL7420以降の機体が
この仕様で作られたけど、
Mk.Iから改造されたのもあったそうだ。

1939年7月にアヴロ・マンチェスターの試作1号機が初飛行すると、9月にはとうとう第2次世界大戦が始まった。そんなこともあろうかと、イギリス空軍は1937年12月には早くもマンチェスターの量産発注をしてたんだけど、戦争勃発とともに、大急ぎで爆撃機兵力の増強と近代化を急ぐことになって、当然マンチェスターもどんどん量産発注が追加されていった。

マンチェスターの安定性不足や離陸距離の長すぎは、水平尾翼や主翼を大きくしたり、胴体後部に垂直安定板を追加したりで改善できたし、銃座の旋回に伴う異常振動もなんとか解決した。

でもエンジンのロールスロイス・ヴァルチュアの不具合は予想以上に重症で、単にオーバーヒートするから冷却系統を手直しすれば済むわけじゃなかった。ヴァルチュアは複雑怪奇なX型24気筒のせいで潤滑がうまくいかない。クランクシャフトを支える主ベアリングが異常磨耗するわ、コネクティングロッドのボルトが折損するわの故障が頻発した。本当はそういう部品構成や潤滑や冷却を根本的に見直さなくちゃならなかったのだ。でも時間がない。ロールスロイスはヴァルチュアを開発・改良するどころか、V型12気筒のマーリンの生産と発展で手一杯だった。そこにもってきて空軍がマンチェスターの量産を急ぐから、ヴァルチュアは問題山積のまんま送り出さなくちゃならなかった。

それなのにイギリス空軍は強引にマンチェスターを実戦化していった。量産機マンチェスターⅠの引渡し開始から3ヶ月後の1940年11月には、最初のマンチェスター実戦部隊として、精鋭の乗員を集めた№207スコードロンが編成された。でも当時のヴァルチュアの平均故障間隔は76飛行時間、マンチェスターは燃料残量半分以上だと、片方のエンジンが止まると高度を維持できない。高度が下がっちゃうと「アックアック（ドイツ高射砲のあだ名）」の餌食になるから、これは怖いぞ。

それでも１９４１年2月24〜25日、№２０７Ｓｑｎのマンチェスター6機は、隊長ノエル・チャリス・ハイド中佐の指揮下、フランスのブレスト軍港にいるドイツ艦艇を目標に初の実戦に出撃した。この時は大過なく任務を果たせたけど、１ヶ月ほどするとエンジン火災が原因で初の実戦での事故喪失機を出して、それを皮切りにいろいろ損害が続いていった。そのうちにエンジンのベアリング磨耗が発覚したんで、全機が飛行停止になってエンジン交換を強いられた。やっと飛行を再開してみると、新エンジンに換装した機体がやっぱりエンジン故障を起こして、また飛行停止になったりした。

そんなこんなで１９４１年5月までに№２０７と№97の2個マンチェスター・スコードロンが送り出した出撃数は13週間の実戦期間中にのべたったの１１２機、失われたマンチェスター11機中、敵の攻撃によるもの5機、機械的故障によるもの6機という有様だった。マンチェスターの乗員たちはしょっちゅう飛行停止をくらうんで、一向に戦術や運用方法の改良を進められず、出撃すればしたで、ドイツの戦闘機や高射砲に加えて、ヴァルチュア・エンジンとも戦わなくちゃならなかった。

実はアヴロの主任設計者、ロイ・チャドウィックは１９３８年の時点で、すでにヴァルチュアの開発困難とマーリンの出力向上の可能性を見越して、基本機体をそのままにマーリンの4発にする構想を温めていた。ちょうど１９４０年8月、マンチェスター量産機の引渡し開始と同じ頃、空軍のボマーコマンド司令官、ポータル将軍が将来のイギリス重爆撃機は全て4発機とする決定を下したこともあって、アヴロ社のマンチェスター4発型は好意的に受け止められて、マンチェスターの1機（BT308）を基にマンチェスターⅢとして試作してみることになった。この機体は1941年1月に初飛行、ランカスターの試作機となる。

かくしてマンチェスターの問題には究極の解決策が見つかってたんだけど、すでに立ち上げちゃった量産はすぐには切り替えられない。マンチェスターはなおしばらく第一線で使われた。

機体の方はL7388以降は垂直尾翼を高くして水平尾翼を延長したMk.ⅠAになって、操縦性もだいぶ改善されたし、エンジンのトラブルも少しは収まってきて、マンチェスターは4000ポンドの大型爆弾も落とせるんで、ブレストのドイツ巡洋戦艦とかの爆撃に働いた。1942年2月にはグナイゼナウに2000ポンド爆弾2発を命中させて大破させたりもした。

でも、そのうちに期待のランカスターが部隊に配備され始めると、マンチェスターは急速に退役していって、1942年6月に№83Sqnがブレーメン爆撃に参加したのが最後の実戦出撃だった。生産数は202機、出撃のべ機数1269機、40％近くが作戦中に失われて、25％はいろんな理由による墜落だったそうだ。マンチェスターはいろいろと苦労をさせられたけど、ボマーコマンドの戦略や戦術はこの時期のいろんな苦労のおかげでだいぶ進歩したから、マンチェスターの苦労も無駄じゃなかったわけだ。それにしてもえらい苦労だったけどな。

イラストで見る
航空用語の基礎知識
basic knowledge

目標、ドイツ艦艇！

第2次大戦のドイツ水上艦艇は，実はあんまり大したことはしなかった。てゆーか，できなかった。なにしろ建艦計画がまだ途中だったのに，ヒットラーがいきなり戦争を始めたから，海軍はまるで未完成だったのだ。

まともな戦艦は結局ビスマルクとティルピッツの2隻しかなかった。そのビスマルクは初の大西洋出撃で沈んじゃったし，ティルピッツはノルウェーのフィヨルドに引っ込んだっきり，何もしなかった。イギリス軍に手間をかけさせる役には立ったけど。

通商破壊用の"ポケット戦艦"，アドミラル・グラーフ・シュペー。働けたのは緒戦のうちだけだった。

近代版の巡洋戦艦，シャルンホルストとグナイゼナウ。フランスのブレストを基地にして，大西洋の海上輸送路を脅かしたけどイギリス空軍に目のカタキにされて，華々しい英仏海峡突破作戦でドイツに戻ったものの，その後はほとんど活動できなくなっちゃった。

ドイツの駆逐艦はイギリスの駆逐艦より武装が強かったのに，1940年のノルウェー侵攻ナルヴィク海戦でも，1942年のバレンツ海海戦でも，イギリス駆逐艦にいいようにあしらわれちゃった。

武運つたなかった重巡ブリュッヒャー。ノルウェー侵攻作戦で沈んだ。

File No. 22

飛行艇、総身に知恵が回りかね

ラテコエール523

Latécoère 523

全幅：49.3m
全長：31.8m
全高：9.1m
自重：26,400kg
最大重量：42,000kg
エンジン：イスパノスイザ12Y
　　　　液冷V型12気筒(860hp)×6基
巡航速度：185km/h
実用上昇限度：5,000m(重量32t)
航続距離：4,770km
武装：イスパノ20mm機関砲×3門
　　　ダルヌ7.5mm機関銃×2門(計画)
　　　225kg爆弾×6発(爆弾倉)
　　　500kg爆弾または魚雷×4発(外部)
乗員：最大16名

大きいなあ，絵のスペースに入りきらないぞ，ってちゃんとおさめて描いてるけど。しかしこれだけ大きいと，クシャナ姫が乗ってても，ドップが発進しても別に驚かないぞ。

小さく見えるけど，イスパノスイザ12Yエンジン。860馬力が6つで，合計5160馬力で，このデカブツを空に浮かべたのだな。

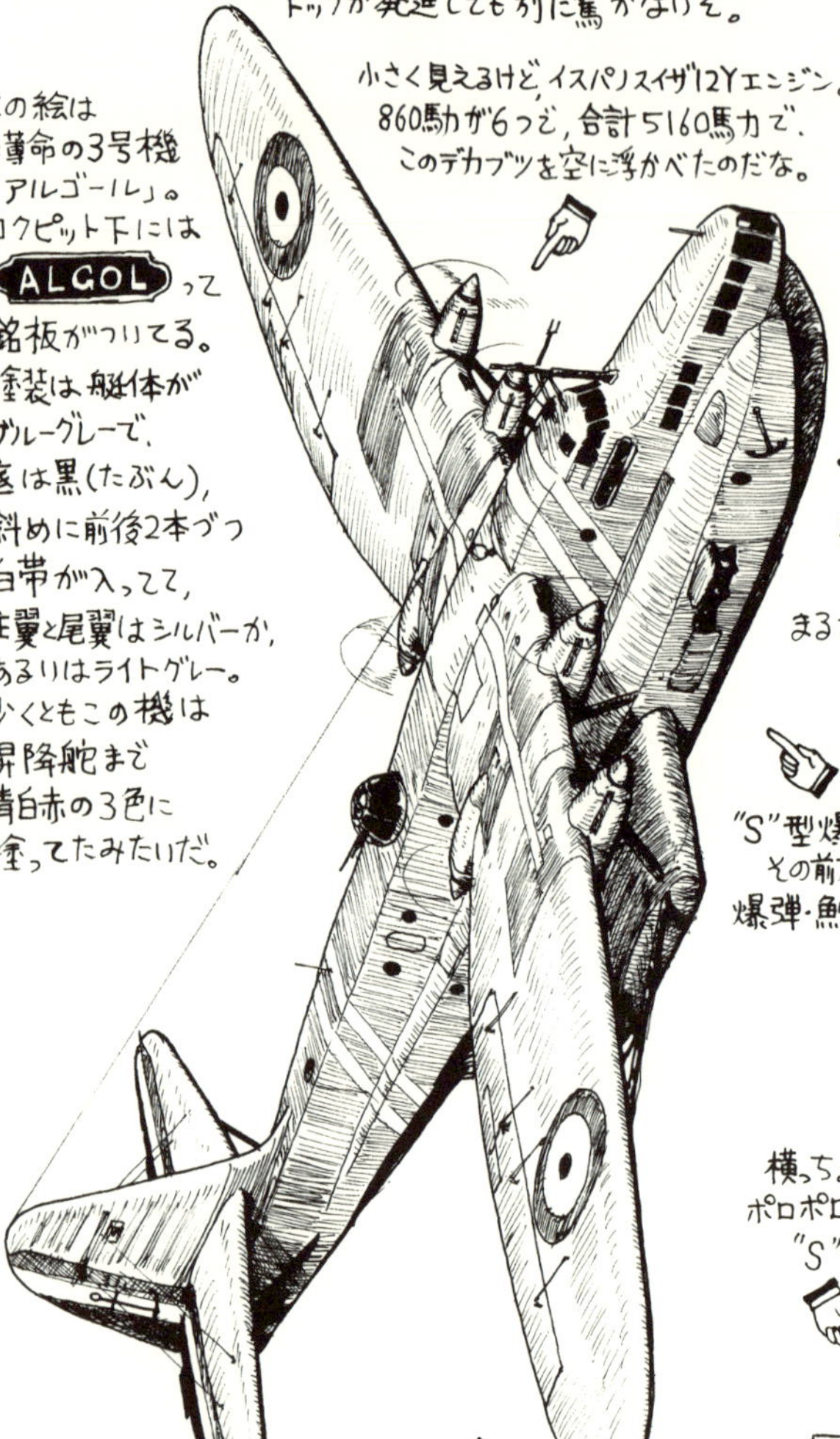

この絵は
薄命の3号機
「アルゴール」。
コクピット下には
ALGOL って
銘板がついてる。
塗装は艇体が
ブルーグレーで，
底は黒（たぶん），
斜めに前後2本づつ
白帯が入ってて，
主翼と尾翼はシルバーか，
あるいはライトグレー。
少くともこの機は
昇降舵まで
青白赤の3色に
塗ってたみたいだ。

艇首側面に
錨がある。
まるでフネだな。

ここのフタが
"S"型爆弾倉のドア。
その前方に，外づりの
爆弾・魚雷架がある。

横っちょから爆弾を
ポロポロと落っことす
"S"型爆弾倉。

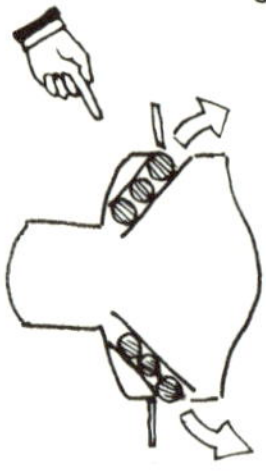

写真を見ると，どうも側面の機関砲と機関銃は
装備されずじまいだったようだ。それじゃ防御火力弱すぎだな。

かつての世の中には飛行艇ってものがたくさん飛んでいた。飛行艇は海から発着するから、滑走距離に制限が無い。どんなに大きくても重くても、海上なら好きなだけ滑走して飛び上がれるんで、長距離飛行や大量輸送には飛行艇が最適と思われてたのだ。もちろんルアーヴルからニューヨークまで滑走しっぱなしじゃフネと変わらないから、飛べなきゃしょうがない。

そんなわけで1930年代には大西洋の両側、イギリスやフランス、アメリカで大型旅客飛行艇がいろいろ作られた。客船が1週間ぐらいで横断する大西洋を、飛行艇で1～2日で飛んで行こうとするのは、よっぽど大事な用のある重要人物か、物好きな金持ちぐらいだから、大型旅客飛行艇も乗客数はわずかなもので、その分内装やサービスが豪華ケンランだった。

大型の長距離飛行艇なら軍用にもいろいろ使い道がある。偵察でも索敵でも、艦隊のまわりの対潜哨戒でも、大型飛行艇ならたっぷり燃料や爆弾とかを積んで、乗員の休憩室とかも作れて、24時間ぐらいの長時間を飛んでられてスゴいじゃない、と思ったのがフランス航空省。ちょうど1935年に大西洋横断航空路用の6発旅客飛行艇ラテコエール521、「ルテナン・ド・ヴェッソー・パリ（海軍大尉パリ）」号というのができたし、それをもうちょっと洗練させた改良型、ラテコエール522「ヴィル・ド・サンピエール（サンピエール市）」号も製造にかかっていたんで、その海軍型ラテコエール523を3機作ることにした。当の海軍としては、そんなの大きすぎるし、遅すぎるし、おまけに価格も高すぎるんで、あんまり欲しくなかったんだけど、航空省が作るって決めちゃったんだから引き受けるしか仕方がなかったようだ。

ラテコエール523は「パリ大尉号」以来の基本形を踏襲して、艇体は下半分が幅広で上半分が細い凸字型の断面形、主翼は高翼で、艇体左右には大きなスポンソンが張り出して、これで水上での安定を保つ。エンジンは6発で、内側ナセルの前後に牽引式と推進式に2基ずつ、外側に牽引式の1基を装備する。ラジエーターは主翼の下側に貼り付け式に配置する。当時のフランス大型機の例に漏れず、主翼と艇体・スポンソンの間は太い支柱で支えてる。

艇体下半分の中には艇長執務室と居室が別になってたり台所があったり、写真現像室まであって、設備は必要以上に完備してた。上半分には操縦席や下士官兵の居住室がある。艇首先端のガラス張りの席は艇長席兼爆撃照準席になってた。武装は艇体下半分の前部側面に旋回式の20㎜イスパノ機関砲、背部にも20㎜機関砲の旋回銃座があって、後部艇体側面には7・5㎜のダルヌ機関銃が装備される。艇体側面の前後4ヵ所には爆弾か魚雷を外吊り式に搭載して、さらに艇体前部の側面には凸部の肩の部分から、斜めに放り出す方式の〝S〟型爆弾倉ってのがあって、そこに3発ずつ爆弾が収納された。これでラテコエール523は全幅49・3m、全長31・7mだから、日本の九七式大艇より2~3割大きくて、翼面積は330㎡もあるから九七大艇の倍近い。重量も最大で42tだから九七大艇のほぼ倍。でかいなあ。

3機のラテコエール523はそれぞれ「アルテール」、「アルゴール」、「アルデバラン」と星の名前が付けられて、1939年にはE6飛行隊に配備された。安定性は良好で、エンジン4基でも十分に操縦可能だけど、水上での走行性はあんまり良くなかったそうだ。細かいところでは、後方エンジンの冷却不良とか、プロペラ可変ピッチの故障とか、航法計算機が5時間も飛んでると壊れるとか不具合があった。武装じゃ〝S〟型爆弾倉がほとんどまともに働かなかったそうだ。でもそれよりずっと本質的なところで、遅くて上昇限度が低くて、武装が弱いっていう不満があった。だから爆撃や雷撃みたいな勇ましい任務にはとても使えなかった。

それと問題だったのが実用性。各部の外板が弱くて、すぐに腐食や疲労が現われるんで、外板の張り直しが大変だった。図体が大きいから、整備や運用支援のできる基地が限られて、フランス本国じゃないと使えない。しかも海に浸かってるうちに艇体に海草だのフジツボだのが付いて、重量や抵抗が増えるのが困る。

第2次世界大戦が始まると、ラテコエール523は対潜哨戒や洋上警戒に使われた。でも開戦直後の1939年の9月18日、2号機「アルゴール」は大西洋のウェサン島付近に不時着水、機体は無事だったんだけど曳航に失敗して、沈没処分されちゃった。搭乗者が多すぎたところに、燃料消費量の計算を間違えて、燃料切れになったんだそうだ。3号機「アルデバラン」は1940年のフランス敗北の時には機体外板修復のために脱出の機会を失って、そのまま放棄、飛行時間の総計はたった421時間だったそうな。1号機「アルテール」はモロッコに逃れたものの、外地じゃ整備もままならず、暑さと湿気で腐食が進んで1942年には飛行不能になってしまいました。たった3機だから、何がどうなるわけでもないけど、飛行艇も大きけりゃいいってもんじゃないのだな。

大西洋横断

アメリカとヨーロッパの距離は，北の方でだいたい6000kmぐらい。西側にアメリカ，東側にイギリスとフランス，両側に航空先進国があったから，横断空路も早くから開拓されていったのである。

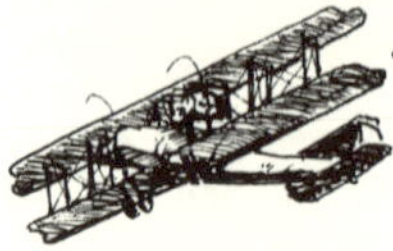

ヴィミー爆撃機は第1次大戦に間に合わなかった。

1919年6月14〜15日，初めて大西洋無着陸横断飛行に成功した，ジャック・オルコックとアーサー・Wブラウンのヴィッカース・ヴィミー改造機

ニューヨーク〜パリという，2大都市間を飛んだことが大きいな。

1927年5月の，チャールズ・リンドバーグによるライアンNYP"スピリット・オヴ・セントルイス"の飛行は，初の「単独」大西洋横断。オルコック&ブラウンの初横断より有名になっちゃった。

南大西洋空路用に開発されたラテコエール300"クロワ・デュ・シュド(南十字星)"旅客飛行艇。いくつか長距離記録を作ったりしたけど，1936年12月，アフリカのダカールから南米に向かう途中，操縦士の名飛行家，ジャン・メルモーズともども消息を絶ってしまいました。

「南十字星に向かって夜の洋上を飛ぶカモメ」の機首マーク。ロマンティックであることよ。

第2次大戦中の姿。

BOAC(英国海外航空)のボーイング314クリッパー。

大西洋横断空路は，第2次大戦までは飛行艇のものだったけど，戦争中に大型陸上機が発達して，飛行艇は戦争終結後まもなく姿を消していった。

File No. 23

寄ってたかってダメにして

グラマン／ジェネラル・ダイナミックスF-111B

Grumman/General Dynamics F-111B

全幅：21.3m（主翼展張時）
　　　10.3m（主翼後退時）
全長：21.0m
全高：5.1m
自重：21,092kg
最大離艦重量：37,677kg
エンジン：プラット&ホイットニー TF30-P-3
　　　　　アフターバーナつきターボファン
　　　　　（推力3,855kg /8,391kg）×2基
最大速度：マッハ2以上（2,274km /h）
実用上昇限度：13,685m（戦闘重量）
武装：AIM-54フェニックス空対空ミサイル×6発
乗員：2名

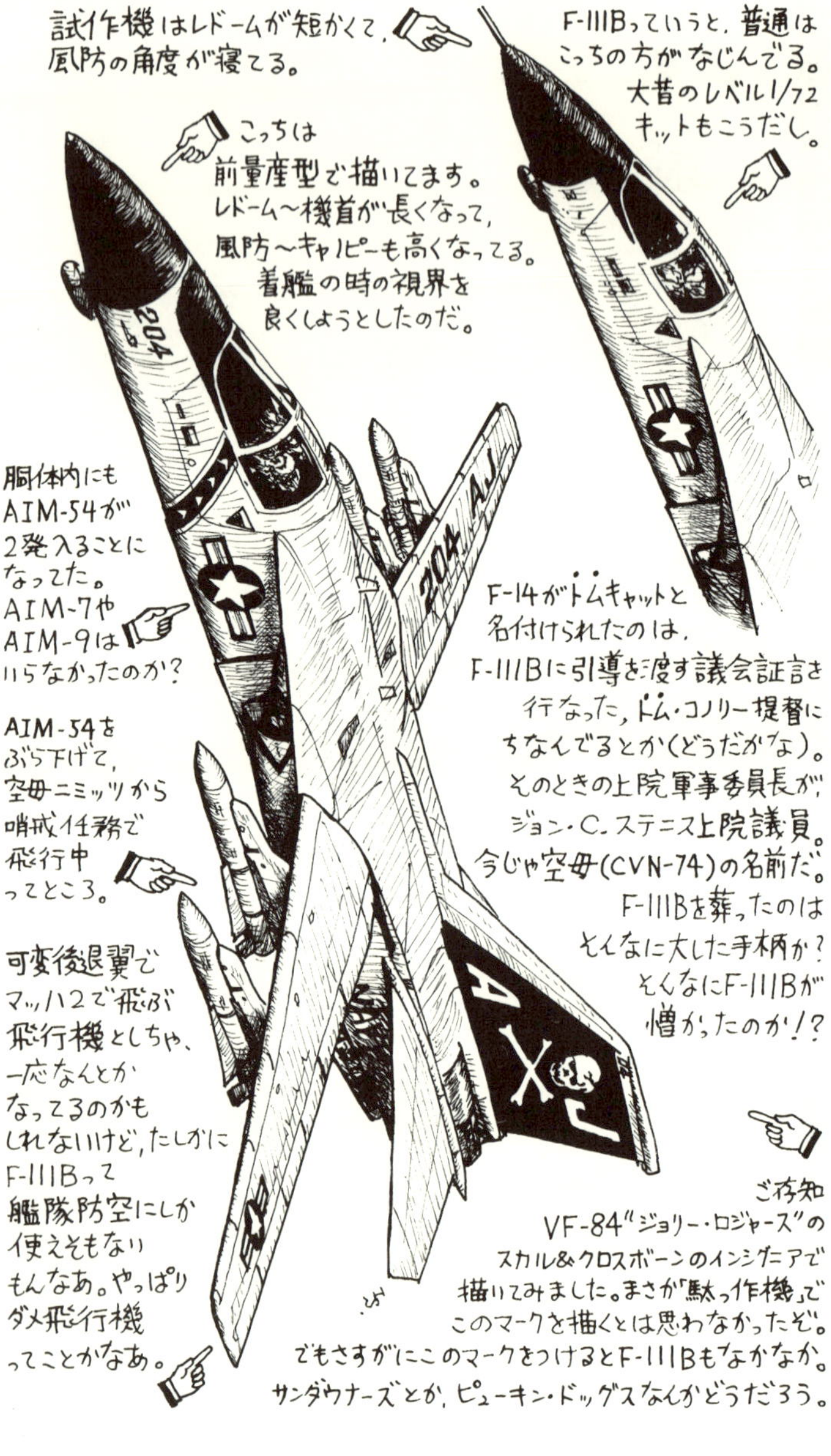
試作機はレドームが短かくて、風防の角度が寝てる。

F-111Bっていうと、普通はこっちの方がなじんでる。大昔のレベル1/72キットもこうだし。

こっちは前量産型で描いてます。レドーム〜機首が長くなって、風防〜キャノピーも高くなってる。着艦の時の視界を良くしようとしたのだ。

204
AJ
胴体内にもAIM-54が2発入ることになってた。AIM-7やAIM-9はいらなかったのか？

AIM-54をぶら下げて、空母ニミッツから哨戒任務で飛行中ってところ。

F-14がトムキャットと名付けられたのは、F-111Bに引導を渡す議会証言を行なった、トム・コノリー提督にちなんでるとか(どうだかな)。そのときの上院軍事委員長が、ジョン・C・ステニス上院議員。今じゃ空母(CVN-74)の名前だ。F-111Bを葬ったのはそんなに大した手柄か？そんなにF-111Bが憎かったのか!?

可変後退翼でマッハ2で飛ぶ飛行機としちゃ、一応なんとかなってるのかもしれないけど、たしかにF-111Bって艦隊防空にしか使えそもないもんなあ。やっぱりダメ飛行機ってことかなあ。

ご存知VF-84"ジョリー・ロジャーズ"のスカル&クロスボーンのインシグニアで描いてみました。まさか「駄っ作機」でこのマークを描くとは思わなかったぞ。でもさすがにこのマークをつけるとF-111Bもなかなか。サンダウナーズとか、ピューキン・ドッグスなんかどうだろう。

史上初の実用可変後退翼機にして、低空超音速侵攻のスペシャリスト、冷戦時代にはワルシャワ条約機構に突きつけられたＮＡＴＯの長い槍にして、リビアとイラクに対しては暗夜の精密爆撃機。アメリカ空軍戦闘機史にその名も高いジェネラル・ダイナミックス（略してＧＤ）Ｆ－１１１戦闘攻撃機に、実は海軍型のＦ－１１１Ｂってのがあったのをよもやお忘れではないだろうが、憶えてない方も少なくないかもしれない。

そう、１９６０年代の初め、時の国防長官ロバート・マクナマラが、空軍が求める超音速戦闘爆撃機と海軍が構想中の長距離艦隊防空戦闘機をいっしょくたにして開発すれば経費が安くつくぞ、と思い立ったのが始りだった。両軍の要求をなんとか妥協させて、一つの基本機体から空軍仕様と海軍仕様を作ろうと考えたわけだが、軍にしてみれば妥協の産物じゃいやだから、そんな統合開発計画は本当は願い下げだった。

でもマクナマラは両軍に因果を含めて、統合開発のＴＦＸ計画を発足させ、１９６１年に各メーカーに要求仕様を提示した。この要求、可変後退翼に超音速ターボファンという新技術を盛り込んで、しかも海軍仕様じゃ、ソ連の爆撃機からのミサイル攻撃に対処するために、ヒューズ社の新型超長射程対空ミサイルと、同じく新型の管制レーダーを装備することになっていた。技術的には大変だけど、うまくいけば空軍と海軍合わせて発注数は数千機になるかもしれないから、有力メーカー各社が設計案を出してきた。

その中から審査に残ったのが、ボーイング社とＧＤ社の案だった。空軍も海軍も性能で優位なボーイング案を推したのに、１９６２年11月にマクナマラ国防長官が選定したのはＧＤ案だった。最終審査段階では性能は両案ほぼ互角、両軍共通性ではＧＤ案が有利だった。そこにもってきて、実はボーイング案は経費の見積もりが甘かったようで、自動車のフォード社元社長のマクナマラとしてはそこが信用できん、というのが決定の根拠だったんだそうだ。かくして空軍型F－111Aと、海軍型F－111Bの開発が始められた。F－111Bの方は、海軍機に経験の浅いGD社とチームを組んだ、グラマン社が担当した。機体は空軍仕様を基本にして、開発経費も空軍予算から出すこととされた。調達予想機数は空軍の方が多かったからな。

しかし、これじゃ空軍に都合のいい機体を押し付けられちゃう、と面白くなかったのが海軍。さらに議会方面からも、巨額の予算を費やす計画に横槍が入ってきた。GD社の工場があるのは、L．B．ジョンソン副大統領の地元のテキサス州、GD案採用はつまり自分の地元への利益誘導じゃないのかという声が出てきたのだ。

それでも機体の製作は順調に進んで、空軍型F－111Aは1964年12月に初飛行、海軍型F－111Bも1965年5月に試作1号機が初飛行した。ところが早くも先行きに影が差してきた。重量が予定より大幅に超過していたのだ。B型の自重は当初の見積もりの17・7tから、途中で20・4tにまで増えて、なんとか重量軽減を図っても19・1tまでしか抑えられなかった。重量見積もりのいい加減さに、国防省側が気付かなかったのも間抜けな話だが、そこで海軍側が要求を多少引き下げてやれば、もっと重量を減らせたはずだった。でも海軍には要求を緩めるつもりはハナからない。どうせ国防長官が押し付けて、空軍予算で作るんだから、失敗しても海軍が悪いわけじゃないんだもん。

他にも技術的な問題が続出した。TF－30エンジンが高速飛行中にコンプレッサーストールという作動不良を起こす。空気取り入れ口からの気流がうまく流れなくて、言うなればエンジンがムセちゃうのだ。F－111

B用のAIM–54フェニックス・ミサイルとAWG–9レーダーの開発も難航したし、F–111Bの空母着艦時の操縦性や視界にも細かい不満がいろいろあった。そんなこんなでF–111計画は経費が膨れ上がるわ遅れるわ、統合開発の意味は急速に薄れて、議会はますます冷淡になってきた。しかもベトナム戦争の空戦の教訓から、海軍は艦隊防空も制空もできるような、つまりF–111Bじゃない戦闘機が欲しくなってきた。

そしてとうとう1968年3月の上院の軍事委員会での公聴会で、航空戦担当の作戦次長、つまり海軍の航空部隊のトップであるトム・コノリー中将が「海軍の戦闘機としては新規開発が望ましい」、「F–111Bを戦闘機らしくできるようなエンジンは、全世界のキリスト教国のどこにもない」と証言したのだった。

F–111計画の見直しを求めていた議会は、この証言をテコにして、F–111Bの量産予算を切り捨てた。早速、海軍は自前の新戦闘機開発計画を進めて、その結果がグラマンF–14トムキャットとなった。F–111Bは試作機3機、前量産機5機が作られただけで終わった。

いろいろ不満もあったろうけど、手をかけてやればF–111Bだってまともになった可能性はある。でも当のアメリカ海軍がF–111Bを望んでなかったし、議会も予算を削りたかったから、両方が寄ってたかって〝ダメ飛行機〟にしちゃったのかもしれないな。

イラストで見る航空用語の基礎知識 basic knowledge ☞ 空軍のF-111

最初の実用型F-111Aは1967年から空軍に引き渡されて、1968年3月にはベトナム戦争に6機が投入された。ところが機体も電子装備も故障が続出、たった1カ月ほどの間に3機が失われちゃった。おかげで議会やメディアでF-111の評判はますます悪くなった。

低空を全天候で侵攻できるんだぞ。

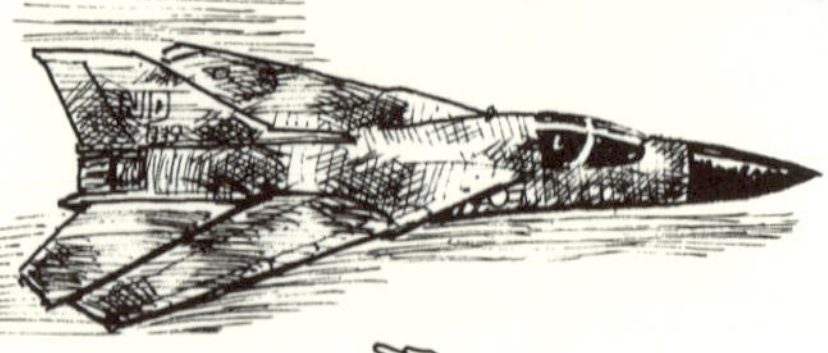

あだ名はアードヴァーク。ツチブタのことだ。

戦略爆撃型のFB-111A。主翼はB型と同じ長いタイプ。（C型はオーストラリア空軍向け）

それでも次第に信頼性が上がって、電子装備の改良に伴って、D～E～Fの各型が作られた。でも価格はどんどん高くなって、調達数は予定よりだいぶ少くなってしまったのでした。

AGM-69A SRAMミサイルを装備してた。後に通常攻撃型F-111Gに改造。

赤外線画像装置とレーザー照射装置のポッド、ペイヴ・タックをつけて、F-111Fは1986年にリビアのトリポリを爆撃した。

F-111の最後の実戦参加になった1991年の湾岸戦争じゃ、空から戦車を狙い打ちもしたし、例のGBU-28/Bを投下したりもした。

A型を改造した電子戦機、EF-111Aレイヴン。

File No. 24

買ったっきり、そのまんま

ベランカ77-140
Bellanca 77-140

全幅：23.2m
全長：12.2m
全高：4.3m
自重：3,727kg
総重量：7,408kg
エンジン：ライトR1820-F-3サイクロン
　空冷星型9気筒（715hp）×2基
最大速度：306km/h
実用上昇限度：7,163m
航続距離：2,400km
武装：7.7mm機関銃×2門（旋回式、機首および背部）
　45.4kg爆弾×12発
　または454kg爆弾×1発
乗員：4名
（データは陸上機状態）

ベランカってモデル名のつけ方がヘンで、翼面積と馬力の数字を並べるというやり方。77-140の「77」は、翼面積が770平方フィートだってことで、「140」の方は、エンジンの合計出力が約1400馬力だ、ってことを表わしてる。

フロートは専門メーカーのエド(Edo)社の製品。

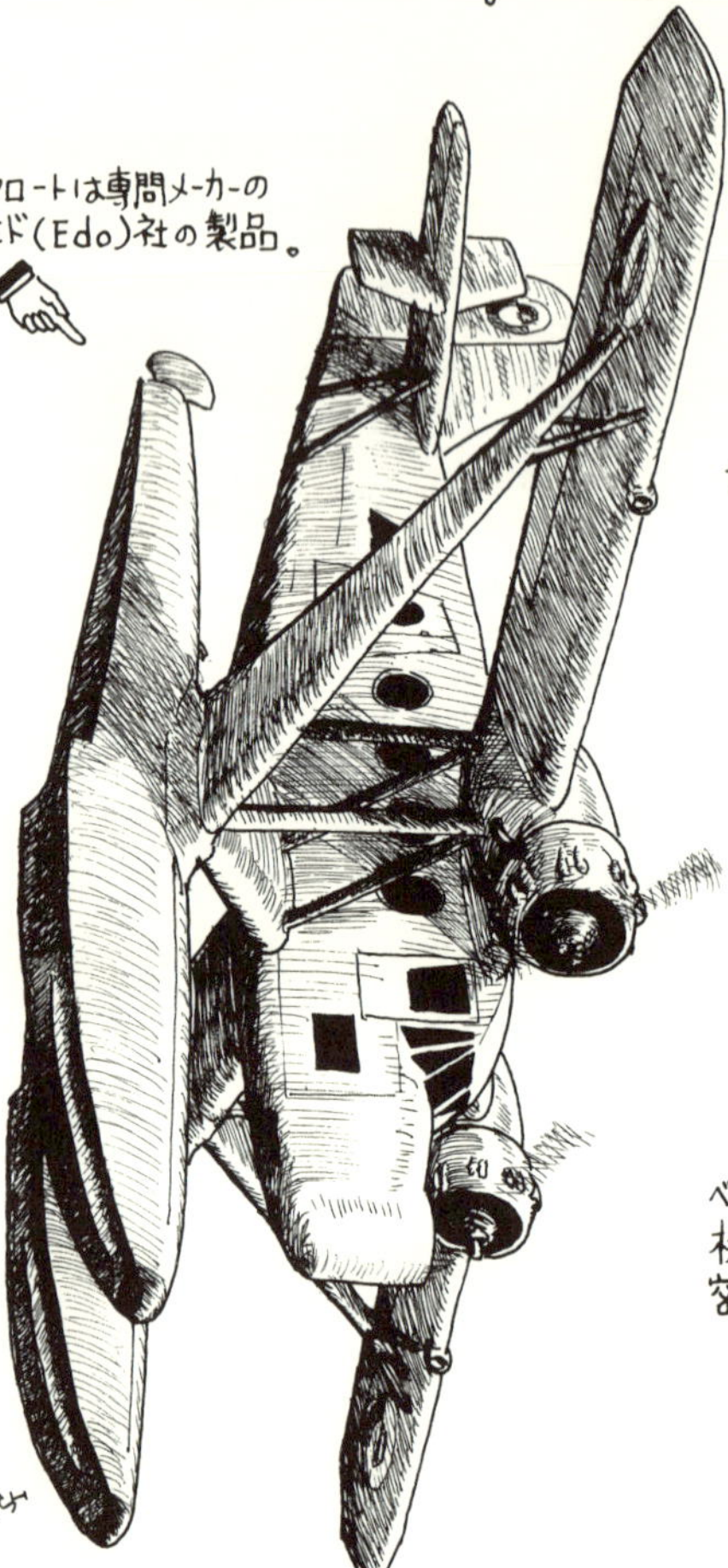

ベランカ77-140は寸法や重量、それにエンジン馬力でも、日本の九三式重爆に近いんだけど、性能は77-140の方がまだましなくらい。情けないぞ、九三重。

塗装は銀色か白だったらしい。一説じゃ主翼とW形支柱外側部分、それに水平尾翼が黄色だったともいう。

ベランカ77-140の陸上仕様。機首の銃座もトリカゴ形の密閉式にしました。

1934年に引き渡し開始だから、日本なら「九四式」ってことになるんだろうな。

翼端だけ台形にテーパーがついた主翼平面形も、ベランカの芸風の一つ。

昔のアメリカにあったベランカっていうメーカーは、1920〜'30年代にいろんな民間機を作ってた。ベランカの単発旅客機／輸送機シリーズは頑丈さや実用性でそれなりに名を上げてたけど、なにしろ時代が時代だったから、それぞれの生産機数はそんなに多くなかった。

そんなベランカが、たまに芸風を外して、軍用の双発機を作ったことがある。それが結局あんまりろくなことにならなかった、っていうのが、これまたベランカらしくもあるんだが。

1930年代はじめ、ベランカはP−200〜P−300エアクルーザーっていう単発の輸送機を作った。大柄で頑丈、信頼性が高いんで、これがアラスカとかカナダの僻地での輸送に結構重宝された。それを基に、ベランカは1932年に双発の中小国向け軍用機、77−140を作ることにした。社内名称じゃ「双発輸送機」だったけど、実質的には爆撃も偵察もできる多用途機として考えられてた。ベランカが狙ってた輸出先は、当時の南米で隣国ペルーとの間で国境紛争を抱えてたコロンビアだった。コロンビアは空軍の拡張を進めてて、適当な爆撃機を探していたのだ。言葉を換えると、いいカモか。

77−140は鋼管骨組みに木製外皮か羽布張りの構造に、単葉肩翼で固定脚というところは、まあ当時の普通っちゃ普通だけど、当時はそろそろ各国じゃ、引き込み脚や全金属構造の爆撃機が作られようとしていた頃だ。マーチン社が後のB−10となるモデル123の自主開発に手を付けたのも、1930年のことだった。

さてベランカ77−140の胴体からは、斜め下に脚の支柱が出てて、脚の付け根から主翼外翼へと、また斜めの支柱が延びる。つまり正面から見るとW型だ。しかもこのW型支柱、幅広で翼断面形になってるから、ちゃんと揚力を稼ぐ。その意味じゃ単葉とはいっても、言わば「一葉半」みたいでもある。これがベランカ得意の〝フライングW〟っていう配置であります。この主翼と支柱は一緒に後方に折りたたまれる。格納スペースを少なくするためらしい。ついでに言うと、胴体の側面形も上面が盛り上がってて翼断面形。多少は揚力を発生するつもりで、これまたベランカの飛行機の特徴だった。

エンジンはライト・サイクロン1820で、ちょっと外側に向けられて、片方止まったときの方向安定を保てるようにだ。水平尾翼に垂直安定板が付いてるのも、やっぱり片発飛行のときの方向安定確保のためらしい。胴体は四角い断面で容積がたっぷりあって、兵員や貨物が積み込めた。機首の銃座は鳥かごみたいな密閉銃座にもできた。主翼後方の背中も円いフタを外せば旋回銃座になる。爆弾搭載量は1・5t、胴体と脚支柱に1000ポンド爆弾を最大12発吊るせるけど、1000ポンド爆弾だと胴体下に1発しか吊るせない。

ベランカ77-140の脚は、水上から運用する場合に備えて、脚とフロートを簡単に交換できるようになってた。コロンビアには川はたくさんあるけど、広い飛行場があんまりなかったから、これなら便利と思ったんだろう。でもフロートが結構大きいから、実際の交換作業をやるとなると、大変だったんじゃないかしら。

ベランカは1933年に5月にコロンビアに77-140を5機で3万9700ドルで売り込んで、なんとか4機を買わせた。それが機体製作の途中で仕様や装備の変更とかを理由に、機体価格はどんどん上がって、1935年には7万~8万5000ドルになったんだと。倍も値上がりしてるのは、最初の見積もりが相当でたらめだったんだろうな。ベランカはもののついでに77-140を、コロンビアの敵国のペルーをはじめ、ギリシャやトルコ、フィンランドに売り込んだけど、さすがに注文はなかった。

ベランカ77－140の1号機がいつ初飛行したか不明だけど、1934年9月には飛行テストを終了していた。ところがコロンビアとペルーとの国境紛争はこの年の3月に一件落着してた。コロンビアは急いで爆撃機を揃えなくてもよくなったんで77－140の注文を取り消してもらおうとしたんだが、そこにアメリカ国務省が横グルマを押してきたせいで、やっぱり要りもしない77－140を引き取って、代金も払わされることになっちゃった。

ベランカ77－140は1935年には引渡しを完了したけど、コロンビア空軍じゃ評判が悪かったそうだ。どんな場合にどんな風に使うか、もはや当てがなくなっちゃった飛行機でもあるし、ムダにお金を払わされたわけでもある。それに確かに1935年の時点で、陸上仕様で最大速度300km／hじゃ性能でも気が引けるだろう。もしかすると操縦性や実用性で難があったりしたのかな。わからないけど。

とにかく引渡しから4年後の1939年には、ベランカ77－140はほとんど飛ばずに、だんだん腐って朽ち果てていくばかりだったようだ。それが珍しいベランカ双発軍用機のつまらない生涯。コロンビア空軍にしてみれば、ヘンな珍品キットを通販で買ったものの、届いたときには作る気が完全に失せて、そのまま押し入れ行き、みたいな話かな。わからないけど。

イラストで見る
航空用語の基礎知識
basic knowledge

爆撃機にも輸送機にも

爆撃もすれば輸送もする、
っていう便利飛行機は、
ベランカ77-140だけじゃ
なくて、1930年には
ヨーロッパの国々でいろんな
兼用機が作られた。まぁ、
輸送機の搭載量があれば、
性能や防御火力をガマンする
なら、爆弾を落とすぐらいの
ことはできたわけだ。

ドイツのユンカースJu52/3m
は、本来は旅客機だったけど、
爆撃もできることにされた。

イタリアのサヴォイア・
マルケッティSM81ピピステロ
(「コウモリ」のことだ)。
旅客機から軍用の
兵員輸送機になって、
1935年のエチオピア侵攻の
ときには爆撃にも
使われるようになった。

そのころの塗装は、全面がアイヴォリーで、
主翼上面には赤い帯(不時着したときに
発見しやすいように)っていうハデなもの。

No.216スコードロンの、
L5857 。

イギリスは最初から
爆撃と輸送の両方に
使える機体を作った。
もちろん植民地とか
で使うためだ。

そんな例が、このブリストル・ボンベイ。

ロシア(旧ソ連)のイリューシンIl-76
なんて、輸送機のくせに、
主脚バルジのすみっこに
小さな爆弾倉があったりする。

File No. 25

テスト、テスト、そればっかり

カプロニ・ベルガマスキCa331

Caproni Bermasuchi Ca331

全幅：16.5m
全長：11.8m
全高：4.0m
自重：4,250kg
総重量：6,050kg
エンジン：イソッタ・フラスキーニ・デルタ3
　　　　　空冷倒立V型12気筒(730hp)×2基
最大速度：380km/h
実用上昇限度：8,000m
航続距離：2,250km
武装：SAFAT12.7mm機関銃×6門
乗員：4名
(データはCa331CN)

Ca331の試作1号機（MM427）。観測機だからオッセルヴァツィオーネ・アエレアで、Ca331OAと呼ばれたそうな。

なるほど、こんなにガラスが多いと、計器盤のいろんなライトとかお月様の光とかが内側で反射するだろうな。

塗装はおそらく茶色に緑の密なマダラで、スピナもマダラ。翼下面のファスケスは地の円が黒になってる。

主翼のフィレットがかなり大きくて、胴体となだらかにつながってる。ブレンデッド・ウィング・ボディみたいだと思ってあげよう。

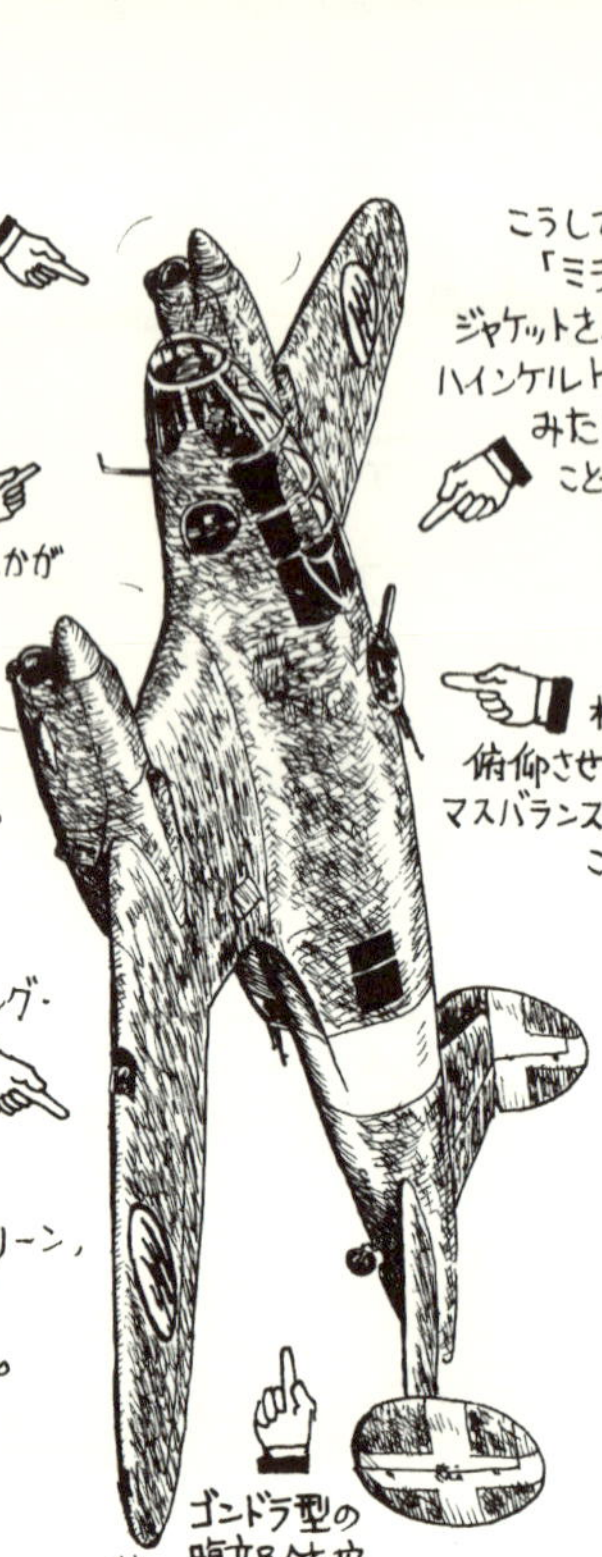

こうして見ると「ミラノ製のジャケットを着せたハインケルHe111」みたいでないこともない。

機銃を俯仰させるときのマスバランスなのね、こっちは。

ゴンドラ型の腹部銃座。

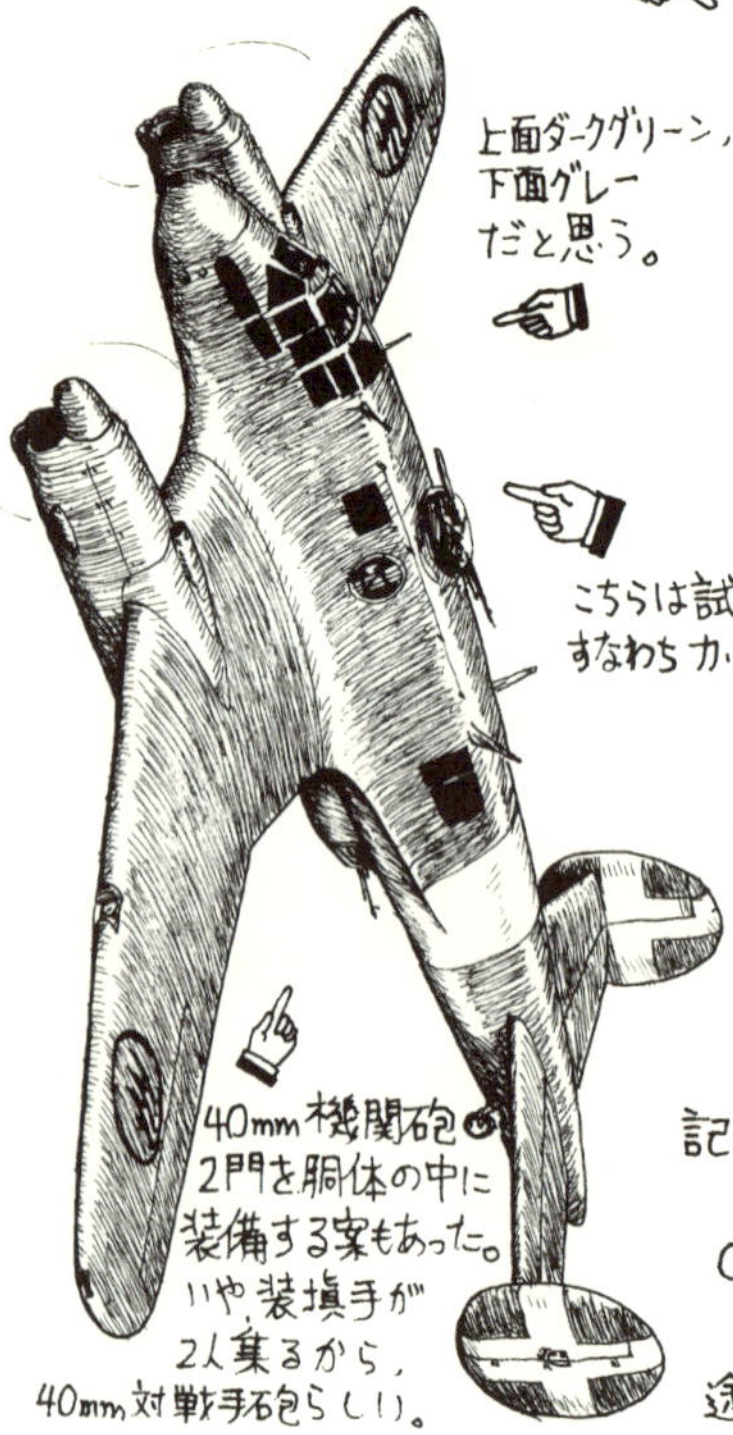

上面ダークグリーン、下面グレーだと思う。

こちらは試作2号機（MM428）。夜間戦闘機、すなわちカッチア・ノットゥルナで、Ca331CNになった。でもレーダーなんか装備してないから、どうもアリモノで間に合わせたっぽい。

40mm機関砲の2門を胴体の中に装備する案もあった。いや、装填手が2人要るから、40mm対戦車砲らしい。

Ca331には"ラッフィカRaffica（疾風）"っていう名がついてた、とか本に書いてあるけど、イタリアの人の記事によると、ラッフィカはカプロニ社の別の計画機の名前だったそうだ。Ca331は計画段階じゃ"エウロEuro（東風）"と呼ばれた時期もあったが、途中で名前はなくなっちゃったんだと。

1938年、イタリア航空省はメーカー各社に双発観測機の要求を出した。双発観測機っていうくらいだから、戦場の上空を飛んで、いろいろと見てまわる飛行機なんだろうけど、偵察機のようでもあり直協機のようでもあり、なんだかよくわかんない。イタリアはこれより前にカプロニ・ベルガマスキのCa306／309ギブリやCa310リベッチオみたいな、双発中型の便利使い飛行機を作らせてるから、その続きだったのかもしれない。

各社の案から、フィアットCANSAとカプロニ・ベルガマスキ、それにアエロナウティカ・ウンブラ社の案が選ばれた。そのうちのカプロニ・ベルガマスキのCa331には試作機3機が発注された。Ca331は全金属構造で、流線型の胴体に機首は全面ガラス張り、軽い逆ガルの主翼にイソッタ・フラスキーニ・デルタI空冷倒立V型12気筒エンジンを取り付けて、双尾翼という機体だった。

その1号機、シリアルMM427は1940年8月に初飛行した。ヨーロッパじゃバトル・オブ・ブリテンの真っ最中で、イタリアも参戦する直前の頃だ。Ca311はテストの最初から、とっても良い操縦性と運動性を示したし、性能もなかなかのもんだった。文句があるとしたら、縦安定性の不足、それにエンジンと補機まわり、それにプロペラにやたらとトラブルが起きることだった。

たぶんそのせいなんだろう、本の記述を見てると、Ca331のテストの進み具合がとっても遅い。イタリア空軍のテストは初飛行から5ヵ月後1941年3月から始まってるんだが、1942年の1月になってもまだテストをやってるのだ。その間に、ドイツのエース、ウェルナー・メルダースが試乗して飛行特性を絶賛したり（おそらく外交辞令含む）、グイドニア飛行試験場を視察に来たゲーリング国家元帥閣下の前で見事な飛びっぷりを披露したりしてるんだが、まるで実用化に進んでない。安定性を改善しようと、いろんな尾翼に換えて試したけど、元の尾翼に戻したそうだから、どれも効果が無かったんだろう。

1942年5月にはCa331を夜間戦闘機にすることになった。ところがガラス張りの機首は、内側で光が反射して具合が悪い。そこで工場に送って機首を改造、エンジンを強力なのに換装することになったが、どうもそのままほったらかしになったみたいだ。

2号機のMM428は1939年に製作を開始したのに、完成は1941年4月だった。こちらも12月に夜間戦闘機への改造作業が始まってる。この頃には北イタリアにはイギリス爆撃機がちらほら爆撃に来てたし、もう観測機どころじゃなくて、それより適当な機体を使って夜間戦闘機を作らなくちゃ、と思ったのかもしれないな。

2号機は機首を改造、12・7㎜機関銃6門を装備、垂直尾翼も大きくして、エンジンも強化した。この改造以後、2号機をCa331CN（夜間戦闘機）、1号機をCa331OA（観測機）と呼ぶようになった。この2号機のテストは1942年6月頃から始まったから、改造に半年もかかったわけだ。

その後もCa331CNは1号機同様に尾翼をいじくったり、機銃テストで2万4000発も撃ったり、爆弾搭載テストなんかをしたり、一向に戦力化を急ぐ気配がない。夜間戦闘機なのに爆弾を積んだりしてるっていうのは、どうもイタリア空軍はまだCa331の使い道で迷ってたみたいだ。

そのうちに北アフリカじゃ、エルアラメインの戦いがあったり、連合軍の上陸があったり、戦局はどんどん悪化していく。１９４３年になって、連合軍がシシリー島に侵攻しても、Ｃａ３３１ＣＮはテストや細々した改良を繰り返すばかりで、いつまでたっても実用化に近付かない。そしてとうとうイタリアは降伏、２機のＣａ３３１試作機と、飛ばないまま部品取り用になった3号機（ＭＭ４２６）はドイツ軍に接収されて、スクラップにされてしまった。

Ｃａ３３１の量産計画も無かったわけじゃない。最初はドイツ軍が目を付けて、１９４１年から１０００機を作らせようしたが、その分のジュラルミンのあてが無かったから、中止になった。イタリア軍も１９４２年3月に３００機を発注してはいる。カプロニ・ベルガマスキ社は8月から量産準備に入ったけど、１９４３年1月には戦況が悪化したんで、単発戦闘機の急速増産（この期に及んで？）のために、Ｃａ３３１の発注はレッジアーネRe２００５に振り替えられてしまったんだと。

Ｃａ３３１のテストが遅れたのは、メーカーがちゃんと予備部品を供給しなかったせいもあるらしい。Ｃａ３３１はメルダースが喜ぶくらい操縦性が良かったのに、イタリア空軍もメーカーもこの飛行機をどうするか、何に使うか、ほとんど考えてなかったんで、結局何にもならなかった。どうします？〝悲運の名機〟ってことにしときますかい？

イラストで見る航空用語の基礎知識 basic knowledge ☞ FIAT

フィアットFIATとは、ファブリカ・イタリアーナ・アウトモビリ・トリノの略、つまり「トリノ・イタリア自動車製造」だ。1899年に創立された自動車メーカーで、そのうちに飛行機や航空エンジンまで作るイタリア最大の乗り物メーカーになった。今じゃフェラーリもランチアも、マセラティもアルファロメオも、みんなフィアットの傘下だ。

FIAT

☞ 1930年代の広告に出てた、フィアットのロゴ。

☜ 1920年代に速度記録やレースで活躍した、フィアット・"メフィストフェレス"。

フィアット戦闘機の始祖、1923年に初飛行したCR.1。☞

☜ 粋な小型スポーツカー、フィアット508バリッラ・スパイダー。これは1933年型

1950年代の軽攻撃機、G91。☞

☜ ご存知"チンクチェント"。1957年に発表されて、自動車史上の傑作の一つとなったフィアット500。

☜ 空冷エンジンをリアに積んでる。

［これ、駄っ作機の絵だよね？
他の雑誌のじゃないよね？］

File No. 26

生まれ変わりようもなし

ボルホヴィティノフS
Bolkhovitinov S

全幅：11.4m
全長：13.2m
自重：不詳
総重量：5,652kg
エンジン：クリモフM-103
液冷V型12気筒(960hp)×2基
最大速度：570km/h
航続距離：700km
武装：ShKAS7.7mm機関銃×1門(後席旋回)
爆弾400kg
乗員：2名
(データは初期形態)

プロペラ直径はわりと小さい感じ。
まあエンジンの出力がそれぞれ960hpだし。

戦闘機のミコヤン・グレヴィッチMiG-1/-3も高速性能一本ヤリの機体だったし，このころのソ連空軍・航空技術陣は，ひたすら速いヒコーキってもんを追求してたみたいだ。

どうやらエンジンの取り付け位置は前後で違ってて，後ろのエンジンの方がちょっと低くなってるようだ。

ラジエーターはエンジン2基分をまとめて，ここについてる。ちょっと小さめだけど，エンジンはちゃんと冷えたのかしら。
前方エンジン下の両側にあるのがオイルクーラー。クリモフのM-103はフランスのイスパノスイザの流れをくむエンジンだとか。

こうしてみると，ボルホヴィティノフSって，他の国にも例のない，なんかとってもオリジナリティだけはある機体ではあったな。

もの足りないんで，つい上面グリーン、下面スカイブルーの塗装で，赤星のマークと番号を入れて描いてみましたけど，実機の写真をみると，塗装してたとしてもグレーかシルバー，マークの類いは一切なかったみたいだ。

ボルホヴィティノフSの"S"とは「スパルカ＝ニフ」の略だそうで，双発のことか複座のことか，そこんところはよくわかんない。別名のS2M-103とは「複座でM-103が2基」を表わすんだと。
その他LB-S(軽爆撃機・双発)やBBS-1(短距離爆撃機・高速・1号)とかいう別名もあった。

尾端にリモート・コントロールの12.7mm機銃1門をつけた，というハナシもある。

どうも飛行機には「悪い方角」ってのがあるみたいで、例えば「戦闘機より速い爆撃機」っていう方角に進もうとすると、しばしば良くないことが起きる。そりゃあたまに、時代の変わり目にうまく当たると、ホーカー・ハートとかドルニエDo17みたいに「戦闘機より速い」なんて言われる爆撃機ができることも確かに無いわけじゃない。でもそんな「高速爆撃機」も、じきに戦闘機の方が速くなると、〝高速〟がはげ落ちて、たいてい末路は悲惨だったりする。

それでもいろんな国でいろんな折りに高速爆撃機が作られて、例えばソ連（今のロシアだ）にもそんな試みがあった。ボルホヴィティノフS、別名S－2M－103という飛行機で、1937年から開発が始められた。

設計者のヴィクトル・ボルホヴィティノフは、爆弾を積んで高速で飛ぶために双発を選んだんだけど、普通に双発にすると抵抗が増えて高速が出せない。そこで考えたのが、2基のエンジンを前後に並べるタンデム式に機首に積んじゃうことだった。こうすれば胴体の太さは単発機と変わらないから、抵抗も単発機並みで済むというわけ。エンジンは液冷V型12気筒のプロペラは2重反転式で、後ろのエンジンのシャフトは前のエンジンのシリンダーバンクの間を通って、前のエンジンのギアボックスのところにつながって、前エンジンのシャフトの中を通るようになってたというから、結構ややこしい構成だ。この動力系統の研究は1936年に開始されたというから、こちらの目処が立ってから、機体の方の開発に進んだわけだな。

ボルホヴィティノフSの機体は全金属製で、木製や木金混成が多かった当時のソ連にしちゃ豪勢な構造。もちろん引き込み脚で、主脚は90度ひねって収納する方式だった。すごいのは主翼で、翼面積は22㎡しかない。

零戦二二型よりちょっと小さいくらい。それで総重量が５６５２kgもあったんだから、相当なもんだ。ちなみに日本の百式司偵三型が翼面積32㎡で最大離陸重量６５００kg。

乗員はパイロットと爆撃手の２人で、後席の爆撃手席は側面も下面もプレキシガラスの透明窓になっていた。爆撃手席にはＳｈＫＡＳ７・62㎜機銃が旋回式に装備されてだけど、いずれはＵＢＴ12・７㎜機銃に強化する予定だったとか。操縦席の下の胴体内には爆弾倉があって、爆弾４００kgを搭載できた。あんまりたいした搭載量ではないな。

ボルホヴィティノフＳは１９３８年から機体製作に入って、１９３９年末に初飛行した。テストじゃなるほど最大速度は５７０㎞／ｈも出て、９６０hpのエンジン双発のくせに高速ではあったんだけど、重量の割に翼面積が小さいんで、離陸性能が悪い。滑走距離が１㎞以上も必要だったのだ。広いロシアなんだから、そのぐらい滑走したっていいだろうとも思うんだが、ソ連軍としては地上部隊の支援のために前線基地から発進させる爆撃機なんだから、もっと簡単に離陸できてくれないと困るのだった。それにやっぱり駆動系に問題があって、いろいろと危険な兆候があったそうだ。具体的な中身はわからないが、例えばギアボックスの過熱や故障とか、配管系統の無理とかがあったんだろうか。

そこで１９４０年から改良が加えられることになった。まず主翼。翼幅が80㎝ほど伸びて、面積も23・４㎡に広がった。そのぐらいなら当たり前の改良なんだが、翼断面形まですっかり改められた。って、つまり最初の主翼がまるで駄目、主翼の面積も断面形も選び直すんじゃ、もはや別の飛行機だ。

そしてもちろん駆動系。こっちはせっかくのエンジンのタンデム配置をあっさり諦めちゃった。前のエンジンは同じ960hpのクリモフM-105Pに換えて、普通の3枚ブレードのプロペラを駆動する。後ろのエンジンは撤去して、代わりにバラストを積んだんですって。単なる単発爆撃機。これでますます最初の設計からかけ離れた機体になってしまったのでした。

新型主翼と単発エンジンで離陸滑走距離は700mにまで縮んで、それはそれで良かったのかもしれないが、最大速度はたったの400km/hに低下した。ボルホヴィティノフSはもう高速爆撃機でもなんでもなくなっちゃって、開発は中止されてしまった。

ソ連空軍にはうまいことにペトリヤコフPe-2っていう、それは出来のいい双発爆撃機ができてたんで、ボルホヴィティノフSが中止になっても困ることは無かった。ボルホヴィティノフの工場もPe-2の生産準備を命じられた。エンジンのタンデム配置については、効果はありそうなんでさらに研究開発の要ありと認められて、ボルホヴィティノフ設計局の技術陣は機体の開発中止後も作業を進めていったようだ。でもじきにドイツ軍の侵攻で、ソ連の航空機工場や設計局は移動や疎開で大慌てになったから、タンデム配置の開発も特に具体的な成果は生まずじまいだった。やっぱり「戦闘機より速い高速爆撃機」っていう方角は、ソ連でも鬼門だったみたいだな。

イラストで見る 航空用語の基礎知識 basic knowledge ☞ 前線基地

1942年、エジプトの砂漠の前線基地から行動してた、イギリス空軍No.112スコードロンのキティホークⅠ。当時のイギリスの戦時報道写真で、シャークマウスが有名になった。

機首が長くて、地上だと前がよく見えないんで、翼端に整備員が座って、誘導してやる。

第2次大戦のアメリカ軍は、物資も機械力も豊富だったから、ブルドーザーで地面を平らにして、そこにこんなような穴あき鉄板をたくさん敷きつめて、さっさと滑走路にしちゃった。

そりゃいつでも、ちゃんとした滑走路や駐機場のあるところから飛行機を飛ばせるもんなら、それに越したことはないんだけど、戦争の都合によってはそうもいかなくて、ジャングルを切り開いたり、地面をならしたりして、とにかく前線に飛行場を作らなくちゃならないこともある。

スイート1/144のF4Fを使ったダイオラマ例…なんてな。

前線基地を使うのは、たいてい戦術航空部隊だ。アメリカ軍のガダルカナル島ヘンダーソン飛行場なんかは、上陸拠点防衛の戦闘機もいたし、爆撃機や攻撃機も配置されて、戦略的にも重要な基地になった。

東部戦線の前線基地の住人、イリューシンIl-2シュトゥルモヴィク攻撃機。

地上の陸軍にぴったりくっついて、近接支援にあたる航空部隊だと、戦線が動くたびに、基地も引っ越さなくちゃならない。そのときは、部隊の飛行機だけじゃなくて、部品や燃料、弾薬、食料、事務書類等々、何から何まで運んで移動するから、大変なのだ。

File No. 27

名門大学のくせに

エアスピードAS45ケンブリッジ

Airspeed AS45 Cambridge

全幅：12.8m
全長：11m
全高：3.5m
重量：不詳
エンジン：ブリストル・マーキュリーVIII
　　　　　空冷星型9気筒(730hp)×1基
最大速度：381㎞/h
実用上昇限度：7,560m
航続距離：1,095㎞
武装：(要求) 7.7㎜機関銃×1門
乗員：2名

これが名門大学のくせに、
およそ役立たずだった、
エアスピードAS45ケンブリッジ。

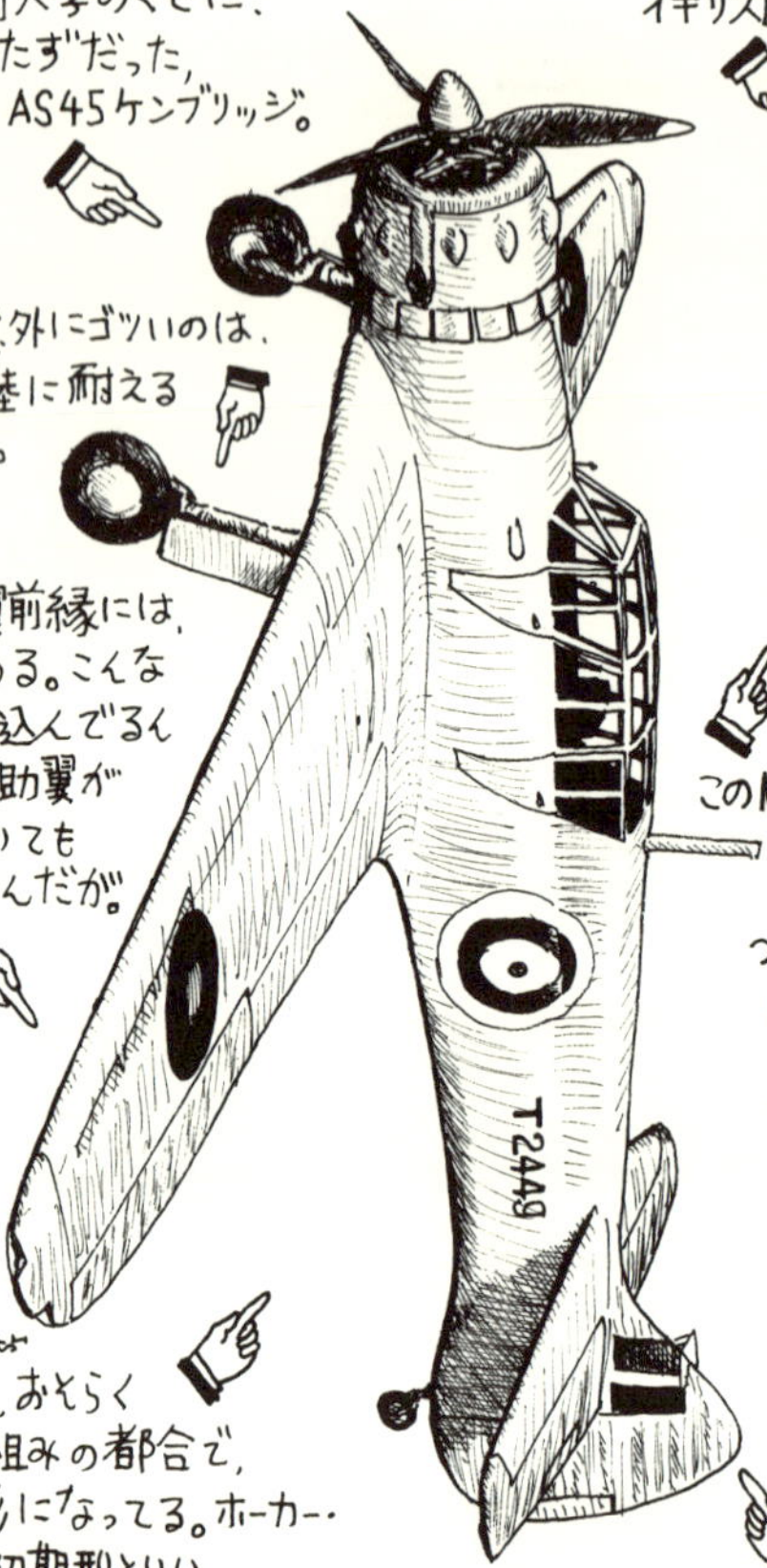

イギリス国産の高等練習機,
マイルズ・マスター。

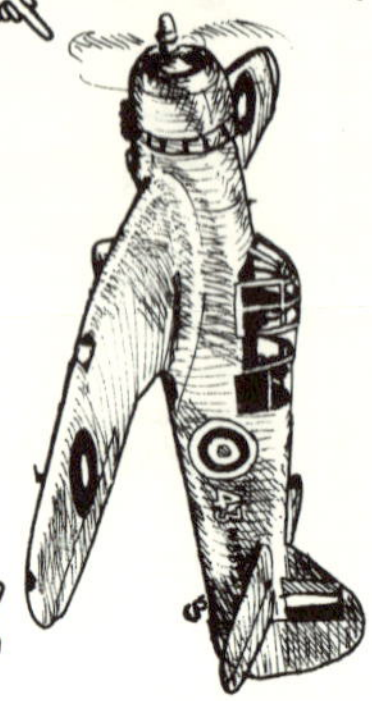

主脚柱が意外にゴツいのは、
乱暴な着陸に耐える
ためかしら。

主翼の外翼前縁には、
スロットがある。こんな
小ネタを仕込んでるん
だから、補助翼が
ちゃんと効いても
よさそうなもんだが。

このMkⅢは、アメリカ製の
プラット&ホイットニー・
ワスプJr.エンジンを
つけてる。ついでにいうと
MkⅠはロールスロイス・
ケストレル, MkⅡは
ブリストル・マーキュリー。

大昔にフロッグの
1/72キットを作った
おぼえがある。
ずいぶんなキットでは
あったけど、
かわいかったぞ。

乗降ドアは、おそらく
胴体の骨組みの都合で、
変な三角形になってる。ホーカー・
タイフーンの初期型といい、
このころのイギリス機じゃ、
カー・ドア式が小さな流行
だったのかしら。

妙なカタチの垂直尾翼。まあ、
エアスピードらしいっていやあ、
それはそうなんだけどさ。

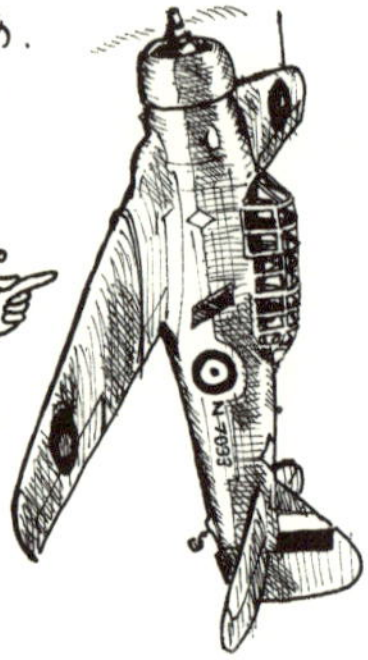

ノースアメリカン・ハーヴァードⅠ。
Ⅰ型は正確にいうと
AT-6じゃなくて、
その前のBC-1のイギリス名。

ハーヴァードなんて、東部の
いい大学ぶってるけど、
正体はテキサン(テキサス人)
だったりしてな。

写真で見ると、フィルムの性質
で黒っぽいんだけど、仕様書
には全体を黄色く塗るように
書いてある。あるいは上面
ダークアースとダークグリーンの
迷彩だったかも。

1930年代末、またドイツとの戦争が近付いてくると、イギリスじゃ飛行機が足りないのに気が付いて、アメリカから買い込んだり、大急ぎで空軍の増強に取り掛かった。戦闘機も爆撃機も、飛行艇も何もかも足りなかったのだ。

さすがに初等練習機はデハヴィランドのタイガー・モスやマイルズのマジスターがあったし、簡単な機体だから自分でもすぐに作れたから、とりあえず不足しそうにはなかったんだが、問題は高等練習機。単葉で引き込み脚じゃないと、実戦機の訓練にならないし、そういう高級な機体だと、既製品もそうあるもんじゃない。一応イギリス空軍としては、国産のマイルズ・マスターに加えて、アメリカ製のノースアメリカン・ハーヴァード（AT-6／T-6シリーズのイギリス名だ）を買うことにしたけど、どうやらそれでも足りないかもしれない。

そこで航空省はT34／39仕様を発して、高等練習機をもう1機種作らせることにした。これがうまくいったら量産して、1942年までに高等練習機の不足を解消するつもりだったのだ。この仕様に、フェアリー社もちょっと構想を練ったりもしたらしいが、結局具体的な設計案で応えたのはエアスピード社だった。

エアスピード社の設計案AS45は、低翼単葉で引き込み脚、木製主翼に鋼管骨組みの胴体を持つ構造で、エンジンは空冷星型9気筒のブリストル・マーキュリーⅧ730馬力だった。もちろん複座で、前後の座席はどちらも横のドアから出入りするようになっていたのが特徴だった。コクピットの天井部分も、胴体の鋼管骨組みがフレームになってるから、もし着陸をしくじって機体がでんぐり返っても、訓練生と教官の頭はちゃんと守られる、というのがＡＳ45の結構な点だった。小さな垂直尾翼は、先が尖ったオムスビ型で、ここのところはエアスピード社の芸風が現われてる。

ＡＳ45にはとりあえずケンブリッジという名前が付けられた。エアスピード社の双発練習機がオックスフォードだったんで、それに続けて名門大学シリーズというわけだ。ノースアメリカのＡＴ‐６系の方はアメリカ製だからハーヴァードだし。もし日本製だったらガクシューインか？　コーナンジョシダイでもいいぞ。

ケンブリッジは2機が試作されて、シリアルはＴ２４４９とＴ２４５３だった。1号機はテストパイロットのジョージ・B.S.エリントンの操縦で１９４1年2月に初飛行した。

ところがこの名門大学生ときたら、どうも性格が良くない。低速だと補助翼も昇降舵も利きが悪かったのだ。操縦系統のバランスが良くないと務まらない練習機で、こういうのは結構困った欠陥だろう。外翼の前縁にはスロットまで付いてて、低速でも補助翼にうまく気流が当たるようになってたのにな。しかも機体全体の空気抵抗が大きくて、水平飛行の速度が要求の３７０km／ｈに届かない。ついでに急降下速度も要求以下でしかなかった。

そんなヤな感じでテスト飛行が進められていた中のある時、エリントンがパワーダイブから引き起こした途端に、バンと大きな音がして、主翼上面の外板のかなり大きな部分が吹っ飛んだ。幸いなことに、また不思議なことに、それ以上機体が壊れることもなく、エリントンは機体を着陸させることができた。さすがに着陸速度は通常より高めだったけど、操縦性はさほど低下しなかったんだそうだ。主翼外板が大きくはがれちゃったんだから、操縦性が悪くならないはずもなさそうなんだが、あるいは元々の操縦性がそんなもんだったんだろうか。

まあ、操縦性の問題なんかは、操縦系統に手を加えればそれなりに改善できたかもしれない。抵抗だって軽減する方法を探せばなんとかなったんじゃないだろうか。しかしそれより何より、実はケンブリッジは機体構造が重すぎたのが根本的な問題だったと言う。その重量過大が速度だけじゃなくて、全般的な性能にも響いてたんだろうな。メーカーのエアスピード社にとっちゃ、木製主翼も鋼管骨組み胴体も、どっちも手馴れた構造だったはずなのに、どこで間違ったのやら。

いや、そのうちに結局それですら大した問題ではなくなった。イギリス空軍が心配した高等練習機不足はどうやら回避できそうな見通しが立ってきたのだ。マスターとハーヴァードで十分に数が足りるんで、さらにもう1機種、ケンブリッジまで量産する必要はなくなったのだ。いくら名門大学生でも、出来が悪くちゃどうしようもない。ケンブリッジの開発は、試作2機だけで終わってしまいました。

2機のケンブリッジは1942年7月に空軍に引き渡された。その後、ファーンボロの王立航空研究所にフェリーされた1機は、消火実験のためにプロペラで風を送って、炎をかき立てるのに使われたんだと。それを見ていたテストパイロットの1人、ロン・クリアは、いったいこれまでテスト飛行してきたのは何のためだったんだろうと思った、っていう話が伝わってるけど、いや、その疑問はもっとも至極だと思うぞ。

イラストで見る
航空用語の基礎知識
basic knowledge

高等練習機

第2次大戦のころは、戦闘機とかの実戦機が高性能になったんで、基本操縦の練習しただけじゃ乗りこなせない。そこでもうちょっと性能の高い練習機で、高度な操縦を訓練する必要がでてきた。そのための機体が高等練習機。

イギリス空軍の初等練習機、マイルズ・マジスター。

高等練習機
マイルズ・マスターI。

高等練習機での訓練を終えてから、実戦転換部隊で、実戦機の操縦や高等な戦技を習う。

おや、ハリケーンIだ。

エンジンは液冷V12の
ロールスロイス・ケストレル。

"AT"とはAdvanced Trainer、つまり高等練習機のことだ。

高等練習機で、アクロバットや編隊飛行、それに基本的な戦技なんかを教わるのが一般的なところだ。

アメリカ陸軍のAT-6テキサン。
海軍名はSNJ。
これはA型。

ドイツ空軍の高等練習機っていうとアラドAr96。模型だときっとかわいくて面白いだろうな。

日本陸軍なら立川の九九式高等練習機。

見てのとおり、九九式直協機の練習機。固定脚なのな。

File No. 28

問題作からダメ作へ

カーチスXBT2C-1
Curtiss XBT2C-1

全幅：14.5m
全長：11.8m
全高：5.0m
自重：5,565kg
総重量：7,246kg
エンジン：ライトR-3350-24
空冷星形18気筒(2,500hp)×1基
最大速度：562km/h
実用上昇限度：8,565m
航続距離：2,108km
武装：20mm機関砲×2門
900kg魚雷×最大3発
各種爆弾
5インチHVARロケット弾×8発など
乗員：1名

XBT2Cのモト、SB2Cヘルダイヴァー。
戦争中じゃなかったら、きっと駄作で
終ってたんじゃないか？これを手直しした
XBT2Cは単なる駄作。

モトのSB2Cヘルダイヴァーに比べて、
主翼の翼断面は同じだし、翼面積だって、
翼端が四角くなった分、小さくなったぐらい。
平面形も似てる。つまり飛行機としての
基本的な部分は、SB2Cから全然といって
いいほど変わってなかったんだな。

試作機は全面黄色だったり
全面ブルーだったり。
そこで吉例により、
実戦機風にして
描きました。当然
スカイレーダーみたいに
ガルグレーと白、マーキングは
VA-216のAD-4のを
ほとんどパクってます。

爆弾倉があるのが
ADスカイレーダーと
違うところ。
とはいっても、ここも
SB2Cゆずりな
だけなんだもんな。

ダイヴ・ブレーキ兼用の
穴あきフラップ。
もしXBT2Cがレベルから
1/40全可動キットで
出てたら、ここが
見せ場になったかも。

尾輪なんか固定だし。
量産機があったら
引っ込むようになったかしら。

もし傑作機・ダグラスADスカイレーダーがなかったら、
カーチスXBT2Cが採用されてただろうか？
いや、その場合でもマーチンAMモウラーがあったもんな。
どのみちXBT2Cには明日はなかったんだろうな。

XBT2C-1の
Bu.No.は
50879～50888
だったんですって。

飛行機の歴史をつついてみると、ひとつのカテゴリーに大きな変化が起きる時に、ダメ飛行機ができちゃうことがある。その例が第2次世界大戦末期にアメリカ海軍が目指した艦上爆撃／雷撃機だ。それまでの雷撃機と急降下爆撃機は、複座のSBDドーントレスと3座のTBFアヴェンジャーみたいにそれぞれ別の機種だったが、いっそのこと一機種で統一しちゃえないもんか、と考えたのだ。太平洋戦線じゃ制空権を確保できたんで、爆撃機や雷撃機にも防御武装はいらないし、機体の方は急降下ができれば、搭載量を大きくすれば魚雷を落とすことも楽なもんだ。

これに対してアメリカのいろんなメーカーが設計案を出してきた。ダグラス社は豪勢だけど失敗作の複座機XSB2D−1を単座にしたBTD−1を、マーチン社は強力なエンジン付きのBTM−1、造船会社カイザー社は、傘下の飛行機メーカーのフリートウィングス社とともに、ステンレスを多用したカイザー・フリートウィングスXBTK−1を提案した。そして老舗の名門メーカー、カーチス社はXBT2C−1という設計案を提示したのだった。実はカーチス社が新型艦上爆撃／雷撃機を設計するのは、これが2度目。すでにXBTC−1というのを考えていたんだが、途中でパイロットだけじゃなくて、レーダー手も乗せるように、と仕様が変わったんで、急いで別案を作ることになったのだ。

カーチス社は第2次世界大戦ではSB2Cヘルダイヴァー急降下爆撃機を量産してる。実はこの飛行機、安定性と操縦性は悪いわ、機体強度は怪しいわ、良く言って駄作機すれすれの機体だったが、なにしろ戦争の真っ最中で生産計画を変更するわけにもいかず、いろいろツジツマ合わせの改良を加えて、7000機以上も作られた。だからカーチス社としては今度のＸＢＴ２Ｃ－１はお得意様のアメリカ海軍を繋ぎ止めるとともに、また汚名返上の機会でもあったわけだ。

ところがカーチス社はＸＢＴＣ－１で手間取って、ＸＢＴ２Ｃ－１の詳細仕様を海軍からもらったのは、他のメーカーより1年以上も遅い１９４５年1月のことだった。なんとか遅れを取り戻そうと思ったカーチス社は、仕方ないからアリモノの設計の手直しでやっちゃった。

問題作のＳＢ２Ｃの主翼平面形や脚をほとんどそのまま流用して、エンジンを変えた。ただし主翼端は角張ってるんだけど、これは実は翼幅を狭くしてエセックス級空母の格納庫に収めるためだったんだと。胴体の方はキャノピーがパイロット1人用のバブルタイプになって、レーダー手は後部胴体内部に後ろ向きに押し込められた。爆弾倉も大きくされて、魚雷も入るようにした。垂直尾翼は背の高い形に変わって、水平尾翼も細長くなった。その他の操縦翼面も手直しされた。なにしろＳＢ２Ｃは操縦性に問題ありすぎだったからな。それと機体構造にはいろいろ補強が加えられて、まあ一応焼き直しの機体にはなった。あと特徴としてはエンジンの前に強制冷却ファンが付いたことぐらいか。

ＸＢＴ２Ｃ－１は１９４５年2月に試作機10機の発注をもらって、少なくとも1号機はこの年の8月1日には完成していた。初飛行がいつだったかはちょっと不明だけど、海軍のテストは１９４６年5月から始まってる。太平洋戦争には全然間に合わなかったわけだ。その点じゃ他のメーカーの試作機も同じだが。テストでは特に操縦性が悪いとか、安定が悪いとかの評判は無かった。でも問題は性能で、しかもその点じゃＸＢＴ２Ｃ

―1は比較の相手が悪かった。ダグラス社はＢＴＤ―1の出来の悪さに見切りを付けて、まったく違う設計で試作機を急遽作り上げていた。それがＸＢＴ2Ｄ―1、後のＡＤ―1、つまりＡ―1スカイレイダーだ。ＸＢＴ2Ｃ―1はエンジンがダグラス社のＸＢＴ2Ｄ―1と同じ2500馬力のライトＲ―3350―24なのに、機体の自重が5565kgもあって、ＸＢＴ2Ｄ―1の4644kgより0・9ｔも重い。ＸＢＴ2Ｄ―1は名手エド・ハイネマンがシンプル化&軽量化に知恵を絞った機体だから、焼き直しの構造強化で漫然と重くなったＸＢＴ2Ｃ―1とは格が違うのも当たり前だ。

それが当然性能に反映して、最大速度こそほぼ同じ約590km／hだったけど、上昇限度はＸＢＴ2Ｄ―1がほぼ1万ｍなのに、ＸＢＴ2Ｃ―1の方は8560ｍ、上昇力は1094ｍ／分に対して790ｍ／分。航続距離も900kg爆弾を積んだＸＢＴ2Ｄ―1が3100kmなのに、魚雷を積んだＸＢＴ2Ｃ―1は2309km。勝負は決まったな。しかも整備性に関しては海軍のテストじゃジェネラル・モータース社製のアヴェンジャー、ＴＢＭに劣るからＸＢＴ2Ｃ―1の量産採用は薦められない、と評されちゃった。そのとおり、ＸＢＴ2Ｃ―1は10機発注の試作機が9機作られただけで終りになっちゃった。相手のＸＢＴ2Ｄ―1がＡＤ―1、Ａ―1としてどう働いたかはご存知のとおり。

アメリカの本によると、新しい要求に対して前作の焼き直しで対処しようとするのがカーチスの流儀だったんだそうだ。なるほど1920年代のＰ―6／ＦＣシリーズも、第2次世界大戦のＰ―36～Ｐ―40も、系列発展型といやあ聞こえがいいが、みんな焼き直しで乗り切ってきただけとも言えるな。

☞航空母艦の格納庫

「開放式」はこんな感じ。
飛行甲板は脆弱だけど
格納庫が広くできて、
飛行機をたくさん載せられる。
エセックス級だと100機ぐらい
載せてた。アメリカ空母も
フォレスタル級以後は密閉式になってる。

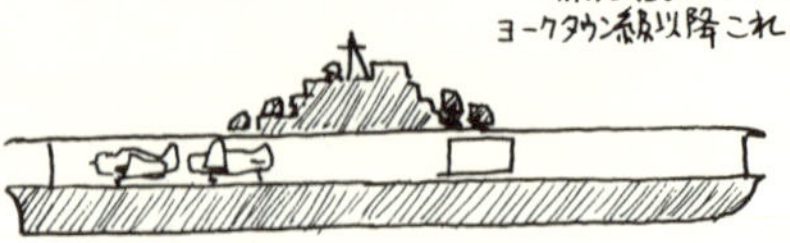

「開放式」。アメリカは
ヨークタウン級以降これ。

第2次大戦のころ、空母の格納庫の作り方には二つの流儀があった。
船体の上に飛行甲板を載っけて、船体と飛行甲板の間を格納庫として
利用する「開放式」と、船体の中に格納庫のスペースを作る「密閉式」だ。

「密閉式」はこうなる。
頑丈なのはいいんだが、
格納庫はせまいし、
天井も低い。
イギリスのイラストリアス級なんか、
エセックス級に近い大きさなのに、
36機しか積めなかったんだと。

「密閉式」。イギリスや日本の
「大鳳」なんかだ。

急に
艦上機に
したからな。

格納庫の広さだけじゃなくて、
天井までの高さも問題。
イギリス海軍のシーファイア
MkⅢは、主翼をこうやって
折りたたまないと、格納庫
に収まらなかった。

空母が出来上がってからじゃ、
格納庫の高さを変えようとしても
今さら事実上ムリ。だから
艦上機の方が格納庫の
寸法に合わせなくちゃならない。
ダグラスA-3やノースアメリカンA-5、
ロッキードS-3だと垂直尾翼も
折りたたみ式になってる。

ロトドームは⇕60cmほど上下する。

ミッドウェー級空母に積めるよう、
苦労させられたグラマンE-2ホークアイ。

File No. 29

自主的に駄作

中島 キ-8

Nakajima Ki-8

全幅：12.9m
全長：8.2m
全高：3.6m
自重：1,525kg
総重量：2,111kg
エンジン：中島九四式「寿」三型
空冷星型9気筒(550hp)×1基
最大速度：328km/h
実用上昇限度：8,760km
航続時間：4時間50分
武装：7.7mm八九式機関銃×2門(前方固定)
7.7mm八九式または九四式機関銃×1門(後席旋回)
乗員：2名

こういう半密閉キャノピーって、どんな意味があるんだろうね。たとえばコクピットに風が吹き込むのを防ぐとかだろうか？

なんだか苦労した跡がありありのキ-8の5号機の尾翼まわり。

中島の飛行機にしては珍しい、ちょっとダエンっぽい主翼平面形。いや、キ-8がうまくいってたら、後の機にも似たような主翼が使われてたのかもしれないな。

日本軍って運動性のいい戦闘機が好きだから、後席の銃手は、機体を振り回されると、ブラックアウトしたりするんじゃないか？大丈夫か？

キ-8とは似てるような似てないような。でもキ-27・九七式戦闘機をホーフツとさせる。

シリンダーヘッドをクリアするためのバルジがついたカウリング。これもキ-8で初めて試したんですって。

主翼がやけに大きいのは、複葉機なみの翼面積が欲しかったからかな。

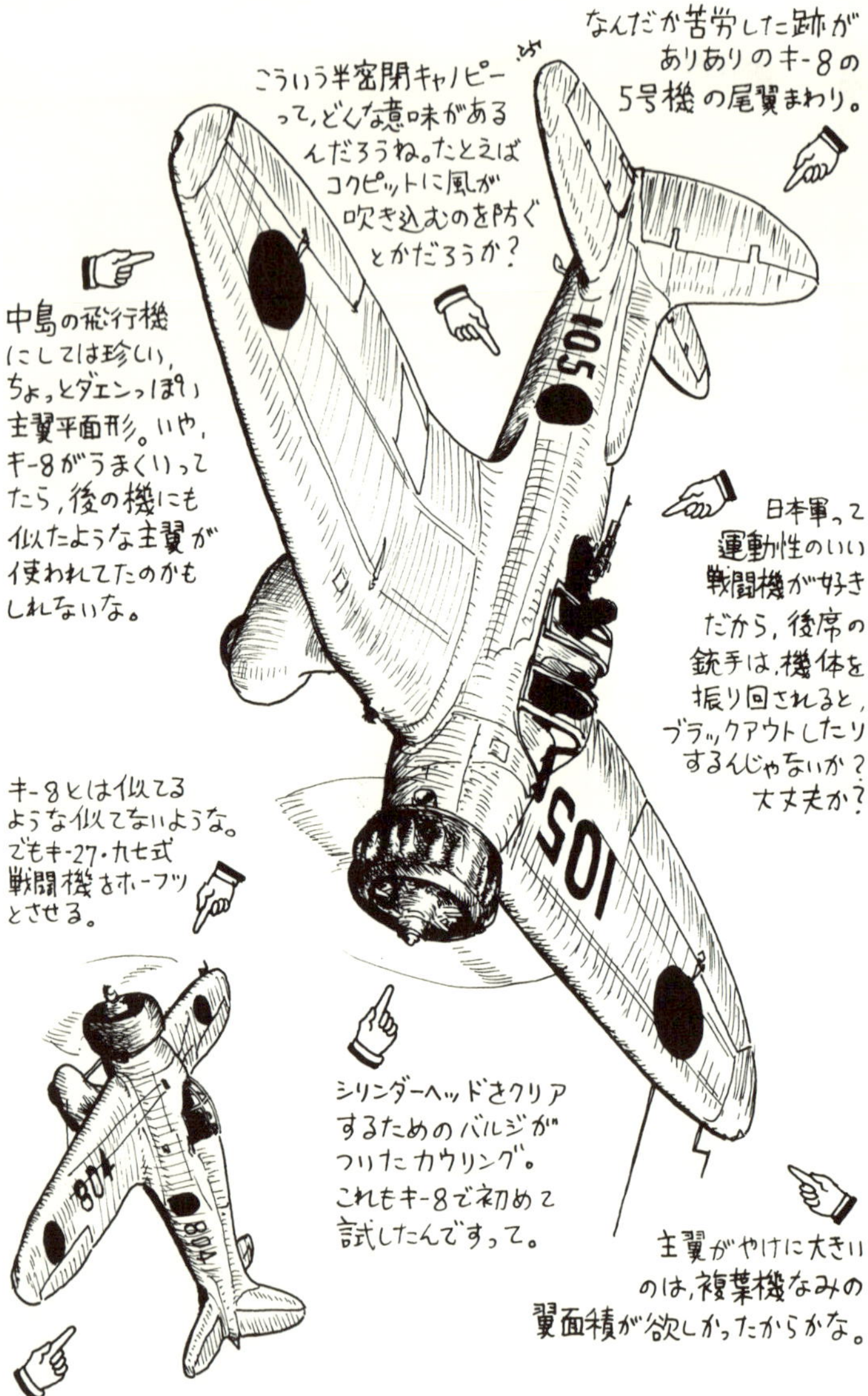

キ-8の次に中島が作った戦闘機、キ-11。究極の複葉戦闘機(の一つ)、川崎のキ-10に敗けて不採用に終った。キ-10は九五式戦闘機になった。

180

イギリスやアメリカで、複座戦闘機がまだ真剣に作られてた1930年代のこと。どうやら航空技術が一人立ちできそうになってきた日本でも、列強各国の新型航空機装備の現況に鑑みて、複座戦闘機を作ってみようとした。日本海軍は1931年に早速中島航空機に対して、試作機を設計させた。一方の陸軍も、海軍が欲しがるものなら自分達も欲しがりそうなものだが、意外にも陸軍側からは複座戦闘機の設計要求は出されずに、珍しいことに、メーカーの中島航空機が自主的に作ったのだった。

中島航空機は1920年代中頃には、陸軍のパラソル単葉の九一式戦闘機と海軍の複葉機九〇式艦上戦闘機で、外国技術者からいろいろ教えてもらいはしたものの、とりあえず国産戦闘機を完成させた実績を持っていた。その勢いで、おそらく陸軍が欲しがりだすだろうと予想して、昭和9年、つまり1934年に自主的に複座戦闘機を試作した。アメリカじゃ引き込み脚単葉のコンソリデーテッドP–30が実用評価テストに入っていた頃だ。

この陸軍向け複座戦闘機の設計には日本人技術者が当たって、中島としては思い切った技術的挑戦を盛り込んでいた。なにしろ低翼単葉の主翼に、全金属モノコック構造の胴体だったのだ。主翼は付け根のところで軽く逆ガルになっていて、構造は金属骨組みに羽布張りだった。ただしコクピットのキャノピーはまだ半密閉式だったし、脚もスパッツ付きの固定脚だったから、アメリカのP–30に比べると、まだ技術的には遅れてた。特にP–30はエンジンにターボスーパーチャージャーが付いてたしな。

また、中島の複座戦闘機は前方向きの固定機関銃2門に、後席の旋回機関銃が1門という武装だったけど、イギリスで動力銃座付きの複座戦闘機の仕様が出されるのが、翌1935年のことだから、武装の考え方でも特に革新的じゃなかった。でもまあ、イギリスの動力銃座つき複座戦闘機、ボールトンポール・デファイアントは動力銃座の機関銃4門だけで、前方固定の武装が無くて、おかげで後で痛い目を見るんだから（それだけじゃないけど）、複座戦闘機の武装の先進性をうんぬんしても始まらないかも。

これは全くの当て推量なんだけど、中島は複座戦闘機で、単葉とか全金属モノコック構造とかの新技術を習得しようと思ってたのかもしれない。複座戦闘機なら軍の方でもイメージが無いから、中島側で勝手な性能や装備で作れるし、なにしろ自主開発だから、軍からうるさく要求が出されるようなこともなくて、好きなように新技術を採り入れられる、ってわけだ。もしうまくいって陸軍が採用してくれたら、それはそれで結構なことだし、不採用でもこの機体で勉強したことはいずれ役に立つだろう、とか思ったんじゃないだろうか。わかんないけど。

中島はこの複座戦闘機を1935年までに合計5機も作った。この数を見ると、あるいは中島は真剣に陸軍への採用を狙って開発してたのかも、とも思えてくる。ひょっとして陸軍の方から何か資金的な援助でもあったんだろうか。「細かいことは言わないから、とりあえず勉強も兼ねて、自主開発のカタチで複座戦闘機を試作してみろ。うまくいかなくても先々悪いようにはしないから」みたいに、軍から内々の指示でもあったのかなあ。根拠は無いんだけど。

出来上がった中島の複座戦闘機に、陸軍はキ-8という機種記号を与えて、テストしてみることにした。総重量が2tあまり、エンジンが550馬力でだから、性能は単葉機にしてはたいしたことなくて、支柱がたくさんある九一式戦闘機と変わりないくらいだった。いささかがっかりなんだが、それより問題だったのが安定性が良くなかったことだった。なるほど平面形を見てみると、主翼と水平尾翼があんまり離れてないうえに、水平尾翼が小さくて、安定性が悪いと言われるとなんだか納得できちゃう。5号機の写真で、垂直尾翼に背びれが付いてるから、方向安定が悪かったのかもしれないな。

おまけに操縦翼面が壊れる事故もあったんだと。中島は5機の試作機の操縦翼面にさまざまに手を加えたって言うから、舵の効きやバランスにも問題があったんじゃないかな。フラッターを起こすとか。わかんないけど。性能はたいしたことないし、安定も悪い、しかも複座戦闘機ってもんで何をどうするか全然考えてない、となると陸軍が中島キ-8複座戦闘機を採用する道理が無い。自主試作だけで終わってしまった。

結局、陸軍は単発の複座戦闘機というものは持たずじまいだったが、後に双発多座戦闘機が世界で流行り出すと川崎キ-45を作らせてる。これが「屠龍」として実用化されるまでに大変な苦労をして、しかも戦闘機としてはよくわかんない使われ方をしたことを見ると、日本の陸軍って単座の軽戦闘機しか、戦闘機のイメージが無かったんじゃないかしら。

中島はキ-8以後、単葉戦闘機キ-11を試作して、それからキ-27が九七式戦闘機として大成功する。キ-8の失敗がその基礎になった、とか言いたくなるところだけど、実は設計チームが違うんで、どれほどキ-8での経験が役立ったかはよくわからないのでありました。

イラストで見る航空用語の基礎知識 basic knowledge　自主開発

古来,軍からの要求なしに,メーカーが自分の構想で飛行機を開発することがある。それが「自主開発」で,英語じゃprivate venture:プライヴェート・ヴェンチュアという。音楽で"自主製作"のことは,「独立インディペンデント」から,"インディーズ"って,よくいうけどな。

No.692Sqn.のB.XVIだ。

自主開発で成功した有名な例。我らが"モッシー",デハヴィランド・モスキート。「イギリスの傑作機は,メーカー側の自主的な構想から生まれる」って,イギリス人もいってるぞ。

あ,イギリス空軍No.19Sqnだ。

P-51マスタングも,イギリス空軍の要望に,ノースアメリカン社が自社のアイデアで応えたのが,そもそもの始まりだった。その意味じゃマスタングも自主開発の産物ってことになるかも。

でもジェット時代になると,開発費が高くなって,自主開発なんて,そうそうできるもんじゃなくなってしまった。

マッハ2.5の戦闘攻撃機を目指した,ホーカーP.1121。

試作機の製造途中で,採用の見込みも開発費もなくなって,中止されてしまった。カッコいいのに。

ボーイング747なんて,よくやったもんだ。

File No. 30

たまに飛ばすとすぐ落ちる

ジャイロダインQH-50 DASH

Gyrodyne QH-50 DASH

ローター直径：6.1m
全長：4.0m
全高：3.0m
自重：469kg
総重量：1,047kg
エンジン：ボーイングT50-BO-8A
　　　　　ターボシャフト（300hp）×1基
最大速度：148km/h
航続距離：89.3km
上昇限度：5,303m
武装：Mk.44魚雷×2本
　　　またはMk.46魚雷1本
　　　あるいはMk.57核爆雷×1発

幸うすきDASHの実用型，DNS-3ことQH-50C。

FRAM改装の駆逐艦の
他に，ブロンスティン級〜
ノックス級フリゲイト
（元の護衛駆逐艦）や，
ベルナップ級ミサイル巡洋艦
（元のフリゲイト）にも搭載
されることになってた。

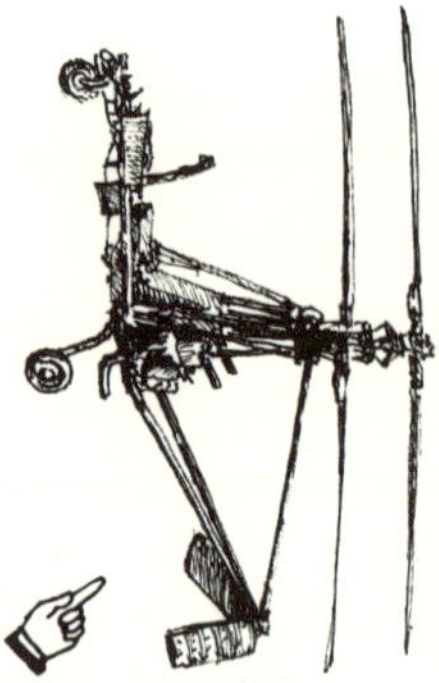

これがDASHの原型，
ジャイロダインの
単座ヘリコプター，
YRON-1ローターサイクル。
重量317.5kgですって。

無人ヘリにしたのは，
小型にできる以外に，
夜間や悪天候で
飛ばしても，乗員の生命を
心配しないですむ，
てのもあったそうだ。

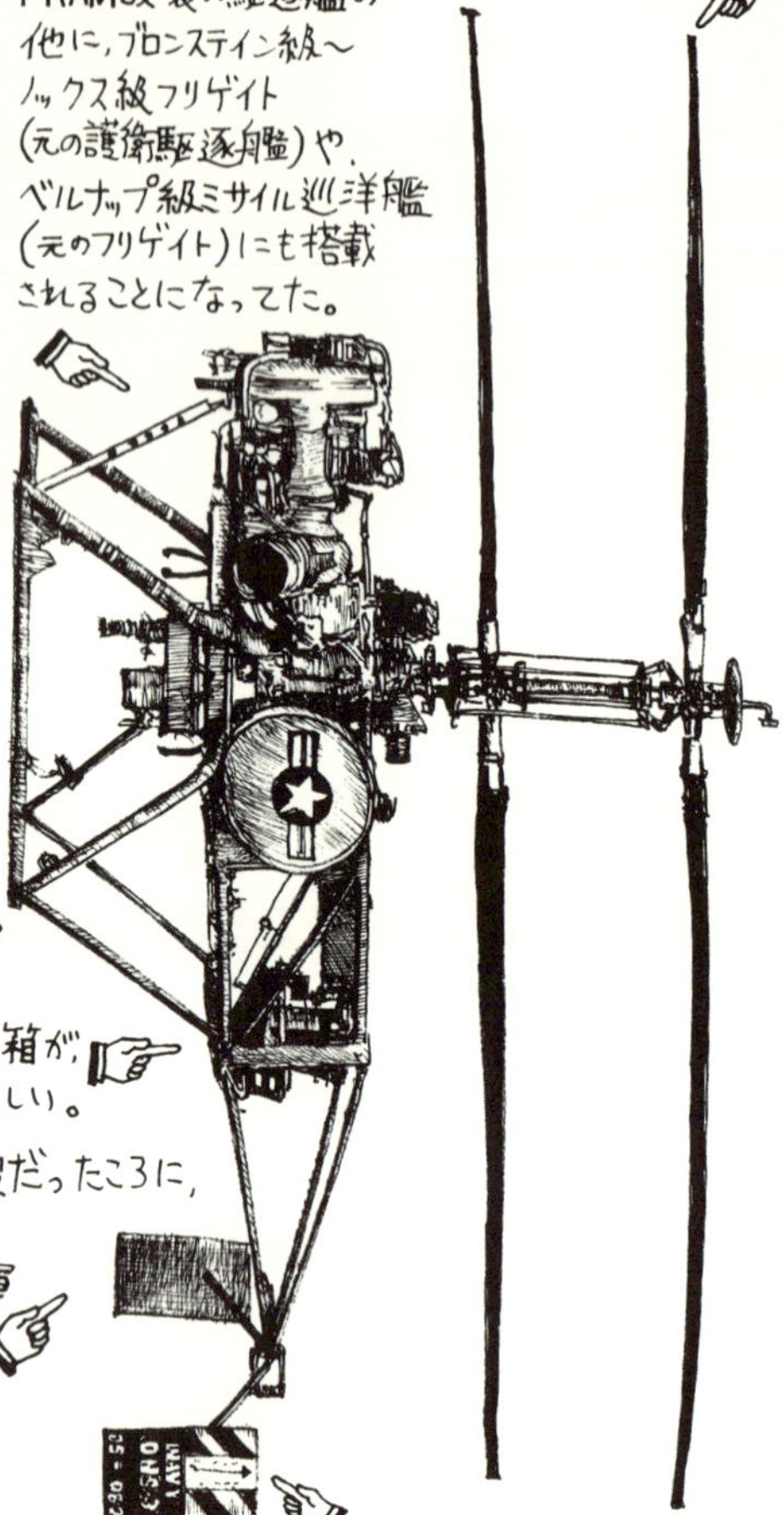

ここんとこの黒い箱が，
どうやら操縦装置らしい。

それにしても，DASHが現役だったころに，
米ソが戦争してたら，
役に立たなくてアメリカ海軍
は困っただろうな。

尾翼は安定のためのもので固定されてる。

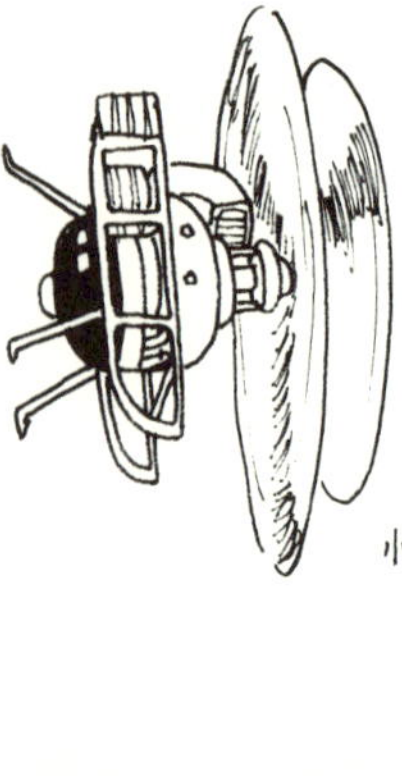

こちらはナゾの潜水艦モビー・ディックが搭載する
無人対潜ヘリコプター，トンボウ・ホッグス。これは
吊り下げソナーを装備する測的トンボウで，ロケット爆雷
4発を抱える攻撃トンボウと組みにして運用される。
小澤さとる著「サブマリン707・ジェット海流の巻」に出てくるんだ。

アメリカとソ連の冷戦がだんだん厳しくなってきた1950年代のこと。アメリカ海軍が気にしてたのは、だんだん高性能化するソ連の潜水艦だった。水中速度が20ノットぐらいあるから、本気で逃げ出されたら、駆逐艦で追っかけて、爆雷を落としたんじゃ捕まえきれなそうだった。ソ連も原子力潜水艦を作るかもしれなかったし。そんなソ連潜水艦に対処するため、アメリカ海軍は、第2次世界大戦中にたくさん作ったアレン・M・サムナー級やギアリング級の駆逐艦を大改装して対潜艦にすることにした。

この改装では遠距離からソ連潜水艦を探知できるように、強力なAPS−26ソナーを装備する予定になっていたが、問題は攻撃用の兵器だった。魚雷を弾頭にする対潜ロケットASROCも開発中だったけど、APS−26はASROCの射程7海里より、ずっと遠くまで探知できる。せっかくのソナー性能がもったいないから、それに見合う遠距離攻撃手段が欲しかったのだ。

で、アメリカ海軍は魚雷や爆雷をヘリコプターで運んで、目標潜水艦の近くで落としてやろうとした。しかし駆逐艦じゃ、ヘリコプターの発着甲板と格納庫の大きさに限りがあって、よほど小さいヘリコプターでないと載せられない。そのためにアメリカ海軍は、無線操縦の無人ヘリコプターの導入を思いついたのだった。

うまい具合に海兵隊が偵察・連絡用単座超小型ヘリコプター、ジャイロダインYRON−1というのを試作してたから、海軍はそれを基に無人対潜ヘリコプターを作らせることにした。このYRON−1、2重反転式のローターをレシプロエンジンで回して、胴体はシンプルな骨組みだった。さすがに命知らずの海兵隊でも評価テストしただけで採用はしなかったんだけどな。

ジャイロダイン社は1958年に無人対潜ヘリコプターDSN−1の試作発注をもらって、テスト用に有人操縦にした試作機は1959年に初飛行、無線操縦での初飛行は1960年8月のことだった。この無人対潜ヘリコプターは「Drone Anti-Submarine Helicopter」の頭文字をとって、〝DASH（ダッシュ）〟という通称で呼ばれるようになる。操縦はUHF通信で行われ、駆逐艦での発着は、甲板上の操縦員がコントローラーを持って目視で操縦して、巡航飛行中はレーダーで追尾しながら、駆逐艦の戦闘情報センター（CIC）で操縦、ソナーで捕捉した目標の上空に着いたところで、無線コマンドで魚雷を投下するという方式だった。

DSN−1は9機が作られて、次にエンジンを双発にしたDSN−2が3機試作された。でもレシプロエンジンだと燃料のガソリンが燃えやすくて危ないんで、エンジンをターボシャフトにしたDSN−3が最初の実用型として1962年1月に初飛行、12月から海軍に引き渡されて、357機が生産された。ちょうどその9月にアメリカ軍の機種名称改変があって、DASHはQH−50と呼ばれることになった。DSN−3はQH−50Cってわけ。QH−50Cの行動半径は56km、Mk.44魚雷なら2発、Mk.46なら1発を搭載できた。

一方その頃、駆逐艦の改装は急速に進んで、DASHの配備待ちの艦がたくさんできた。DASHの開発と生産はどんどんせかされて、1963年1月には駆逐艦ウォーレス・L.リンドに最初のDASHが搭載されて、運用開始にこぎつけることができたのだった。

と、安心したのが大間違い。自動飛行での安定保持やら操縦システムのいろんな問題が解決されないまま配備しちゃったんで、事故が続出、運用開始から2ヶ月で27機が失われることとなった。それらの問題点は運用しながら改良して、1966年からはエンジンを強化して、尾翼を付けたりしたQH−50Dが配備されて、357機が生産された。QH−50DはMk.57核爆雷も搭載できたが、補給支援上の制約から、実際にはDASHでの核爆雷運用は行われなかった。

それはともかく、使ってみるとDASHは不便でしょうがなかった。アメリカ海軍研究家で名高いノーマン・ポルマー氏の本に書いてあるんだが、駆逐艦は2機しか積めないDASHを事故で失うと困るので、本土から作戦海域に展開する間、ほとんどDASHを飛ばさなかった。しかも空母と飛行機の無線交信でDASHの操縦電波が干渉されちゃうんで、空母の航空作戦中にはDASHを飛ばせない。滅多に飛ばさないもんだから、操縦は不慣れなままで、たまに飛ばすと事故が多発することになった。それにAPS−26ソナーの開発が遅れて、改装型対潜駆逐艦の多くには装備されずじまいだった。つまりDASHの存在意義もたいして無かったのだ。

かくして1971年1月、アメリカ海軍はDASHの運用を停止した。それまでに400機以上が事故で失われたんだと。残ったDASHの中には、TVカメラを付けてベトナム戦争で砲撃の弾着観測に使われたのもあったけど、多くは標的になって消えていった。アメリカ海軍に乗せられたのか、日本の海上自衛隊も「〜くも」型と「たかつき」型護衛艦で、ちょっとだけDASHを使ってた。アメリカ海軍ほど事故は多くなかったそうだけど、きっとよっぽど大事に飛ばしてたんだろうな。

イラストで見る航空用語の基礎知識
basic knowledge

対潜兵器

潜水艦をしとめるにはホーミング魚雷を使うとして、問題はその魚雷をどうやって潜水艦の近くに落とすか、だ。
DASHの他に、飛行機型の魚雷運搬ミサイルってのも使われてたことがある。

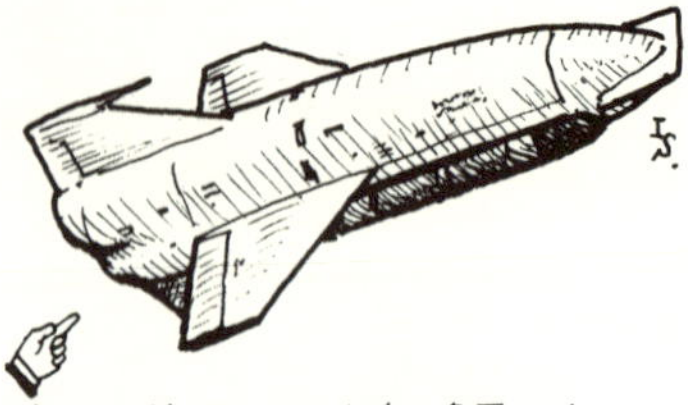

オーストラリア海軍が開発したアイカラ対潜ミサイル。お腹に魚雷を抱えて、目標の上で落っことす。イギリス海軍もひところ使ってたことがある。

こちらはフランス海軍のマラフォン。頭が魚雷になってる。アイカラもそうだけど、ランチャーはかなり大げさなものだった。

古典的な爆雷は、水上艦が潜水艦の近くに行かなくちゃならないし、沈むのにも時間がかかる。

そういえば、昔、こんなゲームがあったな。

アメリカ海軍は、小型の爆雷をロケット弾にして、潜水艦の近くまで飛ばすMk108ロケット・ランチャー、別名"ウェポン・アルファ"ってのを1950年代に作った。

ヘリコプターとか飛行機から落とす航空爆雷も、今じゃもうほとんど残ってない。これはアメリカのMk11。1982年のフォークランド紛争で、イギリス海軍のリンクスがアルゼンチン潜水艦を沈めた。

「沈めた」っていっても大破させて座礁させたんだが。

File No. 31

ボーっとしててヘン

アンリオ110

Hanriot 110

全幅：13.5m
全長：8.0m
全高：2.7m
自重：1,260kg
総重量：1,750kg
エンジン：イスパノスイザ12Xbrs
　　　　　液冷V型12気筒(500hp)×1基
最大速度：355km/h
航続距離：600km
武装：7.7mm MAC機関銃×2門
乗員：1名

こちらはアンリオ115になってからの中央胴体。
エンジンまわりは無塗装として，それ以外は何色だったん
だろう？ダークグリーンとかのように写真じゃ見えるんだけど。

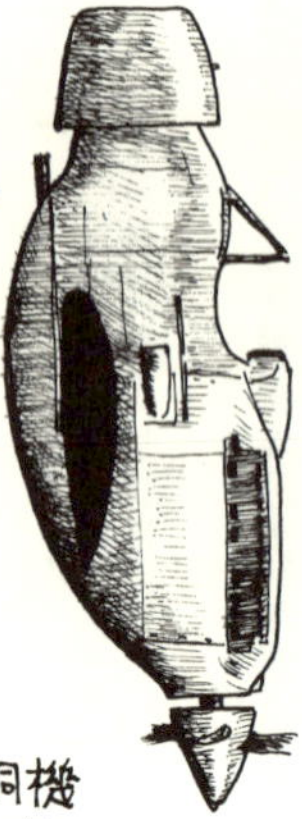

お腹に抱えた33mmAPX機関砲。
弾の重量は650gもあって，破壊力も十分らしいけど，
初速は650m/秒だし発射速度ときたら毎分120発
だから，あんまり役に立つような武器じゃなかったかも。

ほら，機首の環形ラジエーター。
Fw190D-9のファンの方々は，
この飛行機も好きになって
あげてね……
たぶんムリ
だろうけど。

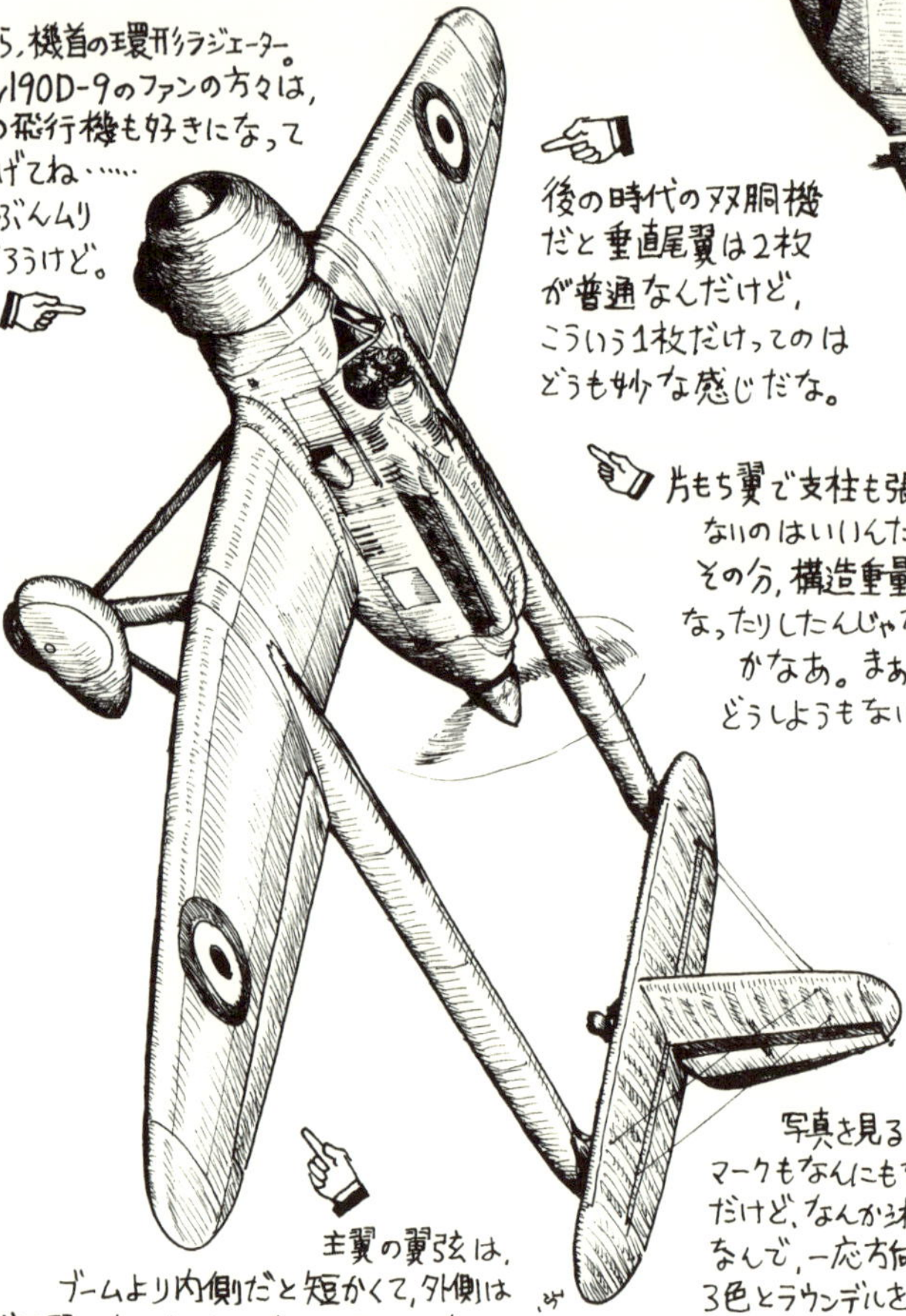

後の時代の双胴機
だと垂直尾翼は2枚
が普通なんだけど，
こういう1枚だけってのは
どうも妙な感じだな。

片もち翼で支柱も張線も
ないのはいいんだけど，
その分，構造重量も重く
なったりしたんじゃないの
かなあ。まあ今さら
どうしようもないけど。

主翼の翼弦は，
ブームより内側だと短かくて，外側は
補助翼がある分大きくなってる。ヘンなの。

写真を見ると，
マークもなんにもないん
だけど，なんか淋しげ
なんで，一応方向舵の
3色とラウンデルをつけて
描いてみました。

ひょっとすると複葉戦闘機時代の終わりがけに、一番気負ってた国はフランスだったんじゃないだろうか。１９３０年代の初め、イギリスは平気でホーカー・フューリーみたいな複葉機を作ってたし、日本も陸軍が九一式戦闘機でパラソル単葉に手を出してみたものの、すぐに複葉の九二式、九五式に戻ってる。アメリカも陸軍は複葉のカーチスＰ−６Ｅから単葉のボーイングＰ−26にちょうど移る頃、海軍はボーイングＦ２Ｂやカーチス Ｆ11Ｃ、グラマンＦ２Ｆとか相変わらず複葉機だった。

そんな中でフランスじゃ１９３０年代の戦闘機を目指して、１９２８年からＣ１計画というのを進めていた。おおざっぱに言うと全金属製で最大速度３２５㎞／ｈ、機銃２門っていうのが要求の概要だったが、あれこれこね回しているうちに、最大速度は３５０㎞／ｈに引き上げられるとか、いろいろ改変が加えられた。

この計画に対して、当時はたくさんあったフランスの飛行機メーカーの多くが応えて、いろんな設計案を持ち出してきた。なにしろモラーヌ・ソルニエとかドヴォワティーヌとか、１９２０年代からパラソル機を作ってたメーカーがあったんで、このＣ１計画への設計案の中で、複葉なのは〝古典派〟のブレリオ・スパッド社の５１０だけ。あとはパラソル翼とかガル翼とか、低翼支柱付きとか、とにかく単葉ばっかり。

同じ頃のイギリスのＦ７／30仕様は、従来型の戦闘機から脱却するつもりでいたのに、複葉機がいろいろ出てきてるから、なるほどＣ１の方が進んでるっぽいようではある。そうは言っても実はこの計画でずいぶんな機体もできて、モラーヌ・ソルニエＭＳ３２５なんて、低翼支柱付きだったのが、その按配がまずくて振動だらけだったりしたもんな。

そのずいぶんな機体の一つにして、C1計画機中の最ヘン機がアンリオ社の110だった。このアンリオ110、低翼片持ちの単葉はいいんだけど、双胴で推進式プロペラという配置。これならプロペラに気兼ねしないで機銃を撃てるし、視界が良いし、うなずける理由もあるんだけど、見ようによっちゃ、第1次世界大戦時の推進式戦闘機の焼き直しみたいでもあり、かなり気負った結果みたいでもある。他のC1計画機でも、高翼のミュロー170なんかは、性能は良かったのに視界に難癖を付けられて不採用になったくらいだから、当時のフランス空軍じゃ戦闘機の視界が結構重視されてたんじゃないかな。

これでエンジンはフランスお得意の液冷V12気筒のイスパノ・スイザ12Xbrsスーパーチャージャー付きの500hp。円形のラジエーターが機首にあって、その真ん中のコーンで空気の流量を調整できるようになってた。後のジェット戦闘機の空気取り入れ口コーンの先駆とか言いたくなるけど、関係無いんだろうな。

ヘンなフランス戦闘機、アンリオ110は1933年に初飛行した。ちゃんと飛んだのは間違いないな。しかしアンリオ110は全幅13・5m、全長8・0m、翼面積は24㎡もあって、C1計画戦闘機の中でも最大級だった。ドヴォワチーヌのD500なんか12・1m×7・6m、翼面積16・5㎡だったから、アンリオ110は寸法で一回り、翼面積じゃほぼ5割も大きい。自重はアンリオ110が1260kg、D500は1287kgだったそうだけど、大きさの違いを考えると、アンリオ110は本当はもっと重かったんじゃないだろうか。だから翼面積も大きくなくちゃならなかったのかもしれない。

大きくて重いアンリオ110の最大速度は355km／hだったから、速度に関しては一応要求を満足させたけど、C1計画ではD500が367km／hとか、他にもっと速い戦闘機があったし、アンリオ110は翼面積が大きいだけに運動性もぬぼーっとしてたそうだ。つまりアンリオ110はせっかくのへンな配置が性能に反映されてないし、その配置にしたところで決定的な利点があるわけじゃかった。奇妙で鈍くさいだけの戦闘機でしかなかったんだな。

アンリオ110は1934年3月に工場に戻されて、改修が加えられた。中央胴体を改造して、下側に33㎜APX機関砲を装備、エンジンを690hpの強化型に変更、プロペラも3枚ブレードから4枚にして、性能を良くしようとした。改良された機体はアンリオ115に名前も変わって、1934年4月に初飛行した。

アンリオ115はそれからまたちょっと改修されて、翌1935年6月には、ヴィラクーブレの試験場に送られて、空軍の公式テストを受けた。さすがにエンジンが強化されただけに最大速度は390km／hに向上したけど、この頃にはもうフランス空軍も単葉引込み脚の戦闘機を作り始めてた。同じ年の8月にはモラーヌ・ソルニエMS405が初飛行するんだから、固定脚のアンリオ115は空軍にとってはもはや推進式配置の研究機ぐらいの意味しかなくて、それだけで終わっちゃった。

1928年C1計画じゃドヴォワチーヌD500が選ばれて、その発展型D510が主力戦闘機になったけど、フランス空軍はその次の引き込み脚戦闘機の実用化と量産に遅れをとるんだから、フランス人が気負うと結果的にロクなことにならないのかもな。

双胴

尾翼を支えるのに、主翼から2本のブームを伸ばすのが"双胴"。これだと中央のは単なるナセル、ってことになる。英語じゃTwin Boom。どうして日本じゃBoomが"胴"になっちゃうんだろう。

第1次大戦のロイアル・エアクラフト・ファクトリーF.E.2b。機銃のプロペラ同調機構がないんで、こういう配置にせざるをえなかった。なるほど尾翼はブームで支えてるな。

1924年、アメリカ海軍が試作した、1機が作られただけ。カーチスCT双発水上雷撃機。

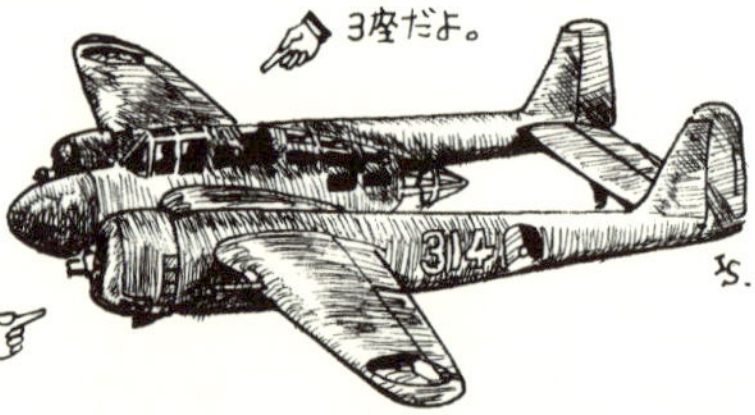

3座だよ。

1940年のオランダのフォッカーGI戦闘機。これはブリストル・マーキュリー・エンジンつきの型。

1934年のイタリアのSIAIマルケッティSM91戦闘機。中央胴体なしで、左ブームに操縦席のあるSM92も作られた。どちらも試作1機づつ。

複座だよ。

胴体の後ろに大きな貨物ランプをつけるのに双胴だと都合がいい。これは1958年のイギリスのアームストロング・ホイットワース(ホーカー・シドレー)・アーゴシー輸送機。

これはなるほど"双胴"っていった方がいい。中は燃料タンクになってる。

単独無着陸世界一周に成功したグローバル・フライアーも双胴だな。それでもって単発。

File No. 32

負け犬のブルドッグ

ホール・ブルドッグ
Hall Bulldog

全幅：7.9m
全長：5.8m
自重：不明
総重量：不明
エンジン：プラット&ホイットニー・ワスプJr.
空冷星型9気筒(535hp)×1基
最大速度：347km/h
(瞬間最大速度：434km/h)
乗員：1名

たった一度のレース出場で
完敗、そのまま解体とは、
あまりに惨めな運命….。

ロバート・ホールが自分の会社、
スプリングフィールド・エアクラフトで作った
「ブルドッグ」。これでジービーに勝ってれば、
ケンカ別れしたグランヴィル・ブラザースの
ハナをあかしてやれるとこだったのに。
それがカンプなきまでに負かされちゃったん
だから。もう情けないやら、悔しいやら……。

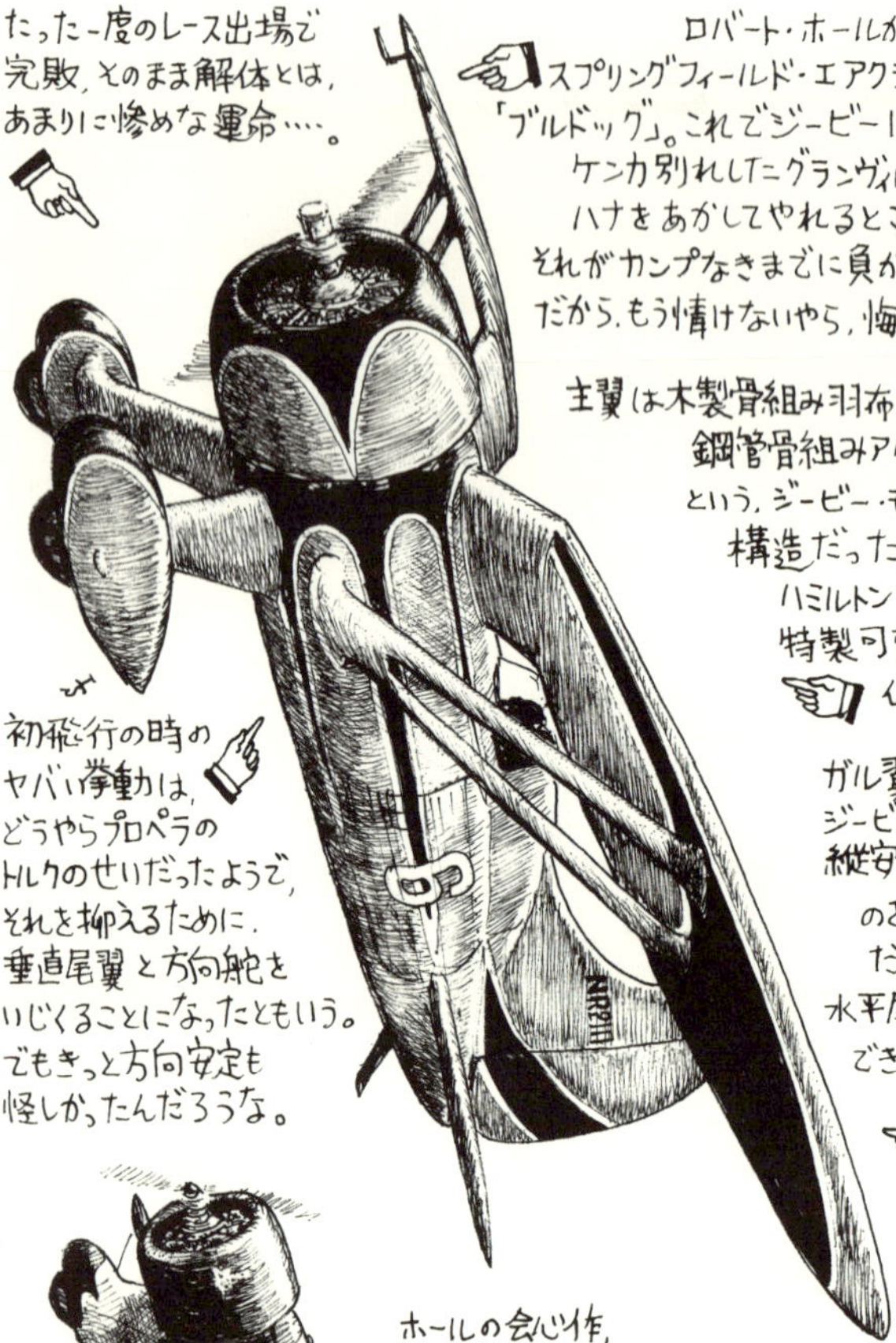

主翼は木製骨組み羽布張り、胴体は
鋼管骨組みアルミ/羽布張り
という、ジービー・モデルZと同じ
構造だった。プロペラは
ハミルトン・スタンダードの
特製可変ピッチだった
んだけどなあ。

初飛行の時の
ヤバい挙動は、
どうやらプロペラの
トルクのせいだったようで、
それを抑えるために、
垂直尾翼と方向舵を
いじくることになったともいう。
でもきっと方向安定も
怪しかったんだろうな。

ガル翼にしたのは、
ジービー・モデルZで
縦安定が悪かった
のを改善するため
だったとか。主翼と
水平尾翼の距離を
できるだけ大きく
とりたかった
のかな。

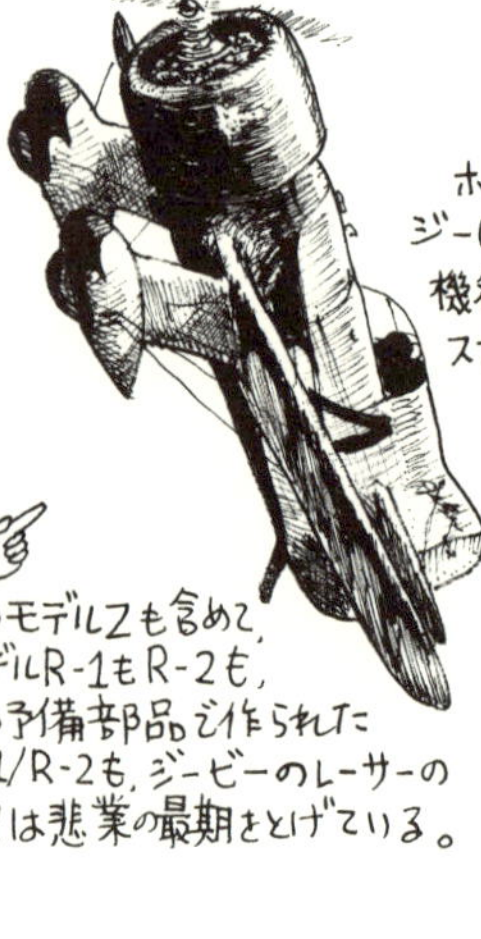

ホールの会心作、
ジービー・モデルZ。
機名は"シティ・オブ・
スプリングフィールド"、
カラーリングは
黄色に黒
だった。

そして1932年のトンプソン・
トロフィーの勝者、ジービR-1。
パイロットはあの
ジミー・ドゥーリトル
その人なり。

白と赤の
カラーリング。

モデルZよりも
もっと過激な
設計は、ホールの
あとがまに座った、
ハウエル・ミラー
によるもの。

このモデルZも含めて、
モデルR-1もR-2も、
その予備部品で作られた
R-1/R-2も、ジービーのレーサーの
多くは悲業の最期をとげている。

飛行機レース華やかなりし、1931年のアメリカ。とんでもない飛行機がとんでもないことをやってのけた。ジービー・モデルZという異様な機体が、驚異的な性能でレースを席巻、最大のスピードイベントのトンプソントロフィー周回レースまで勝っちゃった。作ったのはザントフォード・グランヴィル率いるグランヴィル・ブラザースという小さな会社。強引な設計は、自らもレースパイロットのロバート・ホールの手によるものだった。

この年の12月、ジービーZとパイロットのローウェル・ベイルズは余勢を駆って、速度記録更新に挑戦した。ところが高速ランに入ったところで、機首上面のフューエルキャップが外れて風防を突き破り、ベイルズの顔面を直撃、気絶したベイルズは反射的に操縦桿を引き、いきなりの引き起こしで過大な荷重がかかった機体は空中分解して墜落、ベイルズも死亡した。

グランヴィル・ブラザース社は事故からなんとか再起を図ろうとしたけど、ボスのザントフォードと、主任デザイナー兼パイロットのホールは機体設計について意見がぶつかって、腹を立てたホールはとうとう会社を出てしまった。

ホールはグランヴィル・ブラザース社に近い別の飛行場に自分の会社を設立、レース用飛行機の開発を始めた。作るのは長距離レース用の機体と、短距離周回レース用の2種類だった。短距離用の機体は高翼でガル翼、エンジンはプラット&ホイットニーのワスプ・ジュニア、胴体が太短いところはホールの前作ジービー・モデルZによく似てるけど、ちゃんと垂直尾翼があるところは、ジービーZよりはまだ常識的な飛行機に近い姿だった。新工夫はカウリングの表面に直接開く排気口で、吸出し効果で排気の抜けを良くして、エンジン出力を稼ぐのだった。

このホールの新型レーサーは、ニューヨークの富豪で航空技術開発の後援をしていたマリオン・P.グッゲンハイム夫人がスポンサーになってくれた。ご指名のパイロットは、東部で名高いプレイボーイのラッセル・ソーだった。機体はエール大学のマスコットにちなんで〝ブルドッグ〟と名付けられて、塗装もスクールカラーの赤と黒、それに塗り分け線の白だった。

1932年のレースシーズンに向けて、ブルドッグは大急ぎで製作されて、8月初めには初飛行に漕ぎつけた。しかしホール自らが操縦桿を握った初飛行は、危うく最後の飛行になるところだった。離陸して高度3mにも達しない時に急に左翼が下がったのだ。ホールはすぐさまエンジンを止めて、さすがになんとかブルドッグを着陸させることができたけど、これでブルドッグには安定性に問題があるのがわかった。特に方向安定が怪しかったから、ホールは垂直尾翼に3回、方向舵には4回も手直しを加えて、やっとちゃんと飛べるようにした。しかし新工夫の排気口の方は結局レースまでに十分熟成できなかったんで、とうとう諦めなくちゃならなかった。いろんな細かい部分が熱で膨張して、ひずんだりゆがんだりしてたんだけど、それを一つ一つ解決してる時間が無かったのだ。

そんなにまでして仕上げたブルドッグだったが、試乗したレースパイロットのラッセル・ソーは全然気に入らなかったらしい。来たるクリーヴランドでのトンプソントロフィー・エアレースに、ブルドッグで出場する気はない、と言い出したのだ。そうなるとホールは、出資者のグッゲンハイム夫人から機体を買い戻さなくちやならなくなって、そのお金を集めたりいろいろ大変だったが、グッゲンハイム夫人のところに行って話し合った結果、とにかくホールが自分の操縦でトンプソントロフィーに出場することは認めてもらった。

そして9月3日のトンプソントロフィーの予選（これがまた直線飛行速度競争にもなっていた）を392km／hで通過したホールのブルドッグは、7日の決勝に臨んだ。相手はかつての盟友、グランヴィル・ブラザースの新型ジービー・モデルRの2機、ウェッデル・ウィリアムズが3機、その他3機だった。ここでホールが勝てば、グランヴィルの連中に自分の正しさを見せ付けることにもなるはずだった。

ブルドッグは最初に離陸したが、後から離陸したジミー・ドゥーリトルのジービーR−1の速いこと速いこと、たちまちブルドッグを追い抜いて、トップに立つや2位以下を全機周回遅れにして、圧倒的な大差で優勝した。ブルドッグは8位。1機がリタイアしてるから実質最下位だった。その平均速度は347km／h、優勝のジービーR−1が407km／hだから、ホールは順位でも速さでもグランヴィル・ブラザースに完全に負けちゃったのだった。

どうやらブルドッグはプロペラのピッチ設定がエンジンと合わなくて、エンジン出力を十分に発揮できなかったのが最大の敗因らしいが、ロバート・ホールはがっかりもしたし、頭にも来て、すぐさまブルドッグを解体して、エンジンもメーカーに返却してしまった。長距離レース用機の方は、虫みたいな塗装で「シケイダ（蝉）」と名づけられて、周回レースにも出場したけどぱっとせず、1932年にはテスト飛行のために離陸直後に墜落して終わった。ホール、リベンジならずに負けっぱなし。

イラストで見る航空用語の基礎知識 basic knowledge

グランヴィル・ブラザース

グランヴィル・ブラザースは、ザントフォード・"グラニー"・グランヴィルが弟たちのトム、ロブ、マーク、エドを集めて作った会社。彼らの飛行機は、グランヴィルのGとブラザースのBをくっつけて、"ジービーGee Bee"と名づけられた。ザントフォードは1934年2月、モデルEで着陸事故により死去、会社も解散してしまった。

現存してる機体もあるぞ。

最初のジービー、モデルA。並列複座の自家用機で、8機売れたそうな。

モデルX~Y~Z、モデルB~Eはロバート・ホールの設計。

最初のジービー・レーサー、モデルX。小型エンジンのシーラス装備機。レース用の機体。派生型のモデルB~D、星型エンジンつきのモデルEが全部合わせて9機作られた。

モデルEを複座にしたスポーツ機、モデルY。2機作られた。

こんなトリのマークがときどき描いてある。

R-1と長距離型R-2は1933年に事故で全損。R-1の胴体とR-2の予備主翼を組み合わせて、胴体を延ばしたR-1/R-2"ロングテール・レーサー"。後にセシル・アレンが買って勝手に改造して墜落しちゃった。

モデルZとR-2はレプリカが飛んでるぞ。

1934年の英~豪マクロバートソン・レースに参加した複座の長距離用機Q.E.D.。後にメキシコの飛行家、サラビアが買って、ニューヨークで墜落。でも復元されてメキシコの博物館にある。

File No. 33

光陰矢の如くには飛ばなかったり

ホークスHM-1 “タイム・フライズ”

Hawks HM-1 "Time Flies"

全幅：9.2m
全長：7.2m
自重／総重量：不詳
エンジン：プラット&ホイットニーR-1830BGツインワスプ
空冷星型14気筒(1,150hp)×1基
最大速度：603km/h
巡航速度：547km/h
上昇率：2,133m/分
乗員：1名

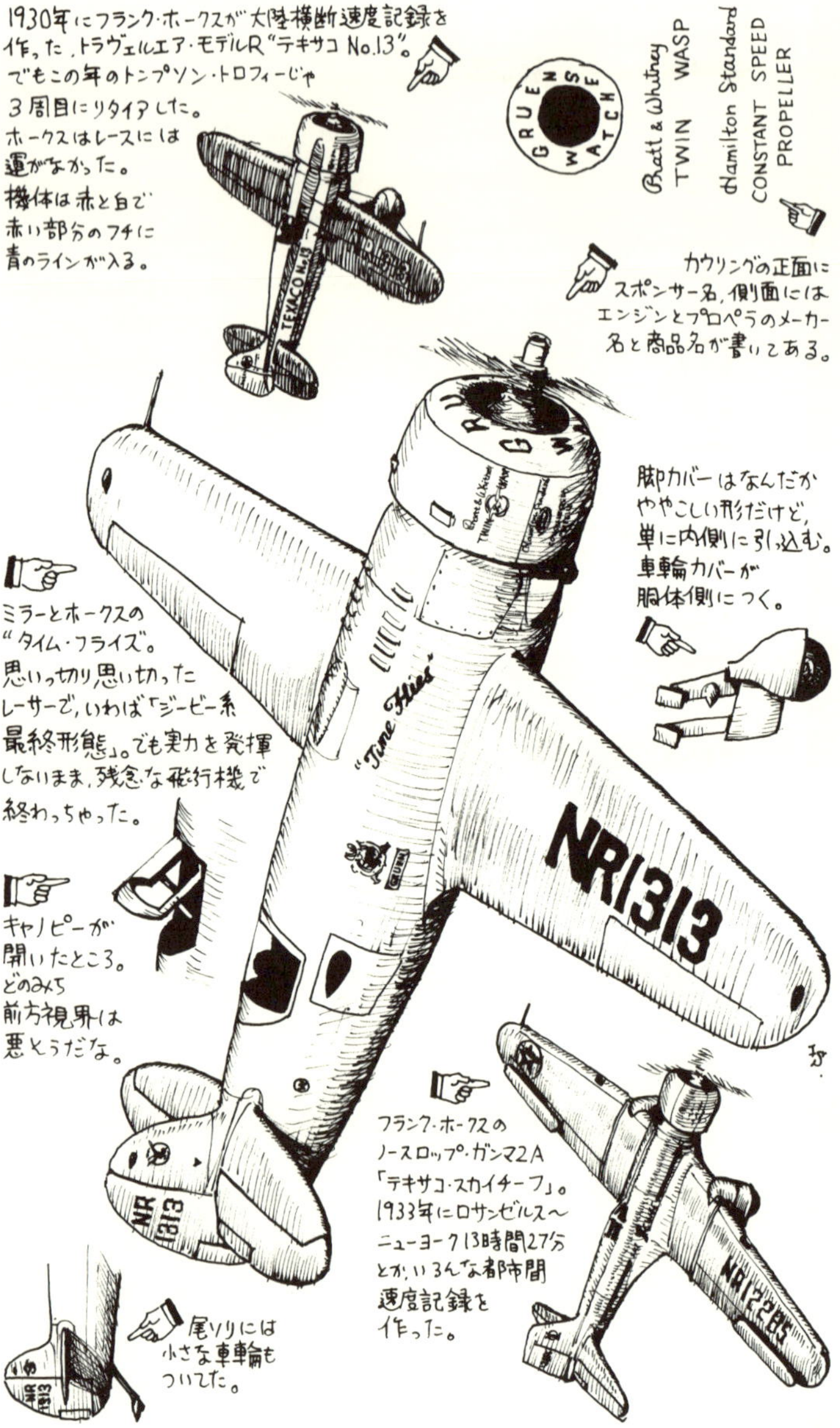
1930年にフランク・ホークスが大陸横断速度記録を作った、トラヴェルエア・モデルR"テキサコ No.13"。でもこの年のトンプソン・トロフィーじゃ3周目にリタイアした。ホークスはレースには運がなかった。機体は赤と白で赤い部分のフチに青のラインが入る。
TEXACO No.13
GRUEN WATCH
Pratt & Whitney TWIN WASP
Hamilton Standard CONSTANT SPEED PROPELLER
カウリングの正面にスポンサー名、側面にはエンジンとプロペラのメーカー名と商品名が書いてある。
脚カバーはなんだかややこしい形だけど、単に内側に引っ込む。車輪カバーが胴体側につく。
ミラーとホークスの"タイム・フライズ"。思いっ切り思い切ったレーサーで、いわば「ジービー系最終形態」。でも実力を発揮しないまま、残念な飛行機で終わっちゃった。
"Time Flies"
NR1313
キャノピーが開いたところ。どのみち前方視界は悪そうだな。
フランク・ホークスのノースロップ・ガンマ2A「テキサコ・スカイチーフ」。1933年にロサンゼルス〜ニューヨーク13時間27分とか、いろんな都市間速度記録を作った。
尾ソリには小さな車輪もついてた。

グランヴィル兄弟の驚異のレーサー、ジービーがアメリカの航空レースを席巻した（グランヴィル兄弟と袂を別ったボブ・ホールが自作のブルドッグで苦杯をなめた）1932年から1年後、ジービーはレースに勝つどころか、相次ぐ事故ですっかり悪評を高めちゃった。

しかも悪いことは続くもので、仕切り直しを目指していた1934年2月、長兄で飛行機作りの原動力でもあったザントフォード・〝グラニー〟・グランヴィルがジービーZD複座スポーツ機で着陸事故を起こして死亡、グランヴィル・ブラザース社も倒産した。これでジービーシリーズも、最後に複座のR-6C〝QED〟が作られて終わっちゃったんだが、その設計に携わったスタッフまで消えたわけじゃなかった。

この頃のアメリカの有名な飛行家、フランク・ホークスは新しい高速機を求めていた。ホークスはトラヴェルエア・モデルR〝ミステリー・シップ〟の1機を駆って、数々の都市間飛行時間の記録を作ってきた。でも当時の航空レース界のメインイベントである「ナショナルエアレース」の大陸横断レース「ベンディックストロフィー」や短距離周回レース「トンプソントロフィー」じゃいまひとついい成績を残せてなかったのだった。ホークスの愛機、テキサコのスポンサーと「13」の機番で名を馳せたトラヴェルエア・ミステリーシップはすでに旧式化して、乗り換えたノースロップ・ガンマも当時の有力レーサーには太刀打ちできなかった。

そこでジービー〝QED〟を見て、その機体に感心したホークスは、ジービーの設計者だったハウェル・ミラーに話を持ち掛けた。半端仕事をしていたミラーは喜んで、1936年、ホークスと会社を立ち上げた。

会社の目的はもちろんホークスの新型レース機を作ることで、グルーエン腕時計が資金を提供した。主任設計者のミラーは1936年6月から設計を開始、ジービーをさらに洗練した――ある意味少しまともにした――機体を考えた。

まずエンジンは当時最強クラスのプラット＆ホイットニーR－1830ツインワスプ空冷星型14気筒。このエンジン、民間機に使うには陸軍の特別の許可が必要だったそうな。胴体の直径が最大になる位置を、主翼前縁のあたりにして抵抗を少なくしたのはジービーと同じ手法だ。もっと抵抗を少なくするために、コクピットは胴体後部に完全に埋め込まれて、飛行中は前が見えないけど、離着陸時はコクピット上面窓が前に開いて風防になって座席も上がる。出入り口は胴体右側面にある。

主脚は最新流行の引き込み脚だったけど、機体の構造そのものはジービーと同じく、木製の主翼に、胴体は鋼管骨組みに合板張り、エンジン周りだけ金属外皮だった。同じ頃に大富豪ハワード・ヒューズが金に糸目をつけずに作らせたH－1速度記録機は、胴体が金属モノコック構造だった。ミラーのレーサーの開発・製造予算は、ヒューズH－1の3分の1ぐらいの7万ドルだったんで、ミラーとしては冒険したくてもできずに、慣れた手法を使ったんだともいう。

新型レーサーは1936年10月に完成、機体はまっ白に塗られて、胴体横にはグルーエン社のエンブレムを描いて、機名は「タイム・フライズ」と付けられた。直訳するなら「時は飛ぶ」、意訳すると「光陰矢の如し」。スポンサーが腕時計会社だからだな。

すでにこの年のレースシーズンは終わり、タイム・フライズはじわじわとテストを進めていったが、1937

年1月、片脚着陸で機体を軽く傷めてしまった。原因はホークスが落とした手袋が引き込み装置にからまったことだった。

これでホークスはすっかり慎重になり、資金も不足し始め、しかも悪天候も続いて、タイム・フライズはほとんど飛ばずにいた。それでも何度かアナコスシアの海軍航空隊基地まで飛行して、軍に機体を紹介して、あわよくば軍の発注を得ようとしたけど、なにしろ機体が木製なんで、軍はあんまり興味を示さなかった。

やっと4月13日、ホークスはアメリカ東部コネチカット州ハートフォードからマイアミまで2100㎞を5時間弱で飛びきるという記録を作り、マイアミで給油を終えたタイム・フライズはそのままニューヨーク近郊のニューアークへと飛び立った。4時間20分後、タイム・フライズはニューアークへの着陸進入に入ったが、どうしたわけかハードランディングをして、大きくバウンドしたタイム・フライズは3回目の着地で右翼の桁と脚を折ってしまった。

ホークスはこの年で40歳、若い頃の果敢さはすでに無く、これ以後、記録飛行やレースからは引退しちゃったのだった。しかもグルーエン社はタイム・フライズにほとんど宣伝効果がないんで支援を打ち切ってしまった。やる気も資金もなくなって、ホークスはタイム・フライズをコネチカット州の屋敷の納屋にしまいこみ、それっきり飛ばせることはなかった。総飛行時間はたったの27時間46分だった。

翌1938年8月、ホークスはヘンな操縦系統の自家用機、グウィン・エアカーのデモンストレーションで離陸事故を起こし、落命してしまった。しかしタイム・フライズはまだ死んじゃいなかったのだった……。

イラストで見る航空用語の基礎知識 basic knowledge ナショナルエアレース

これも陸軍機。戦闘機の研究よりレーサーの方が予算を得やすかったそうな。

1920年のピューリッツァー・トロフィーの優勝機，ヴァーヴィル・パッカードR-1。パイロットはC.モーズリー大尉。

「ナショナル・エアレース」の原型は，アメリカの大手出版社の社主，ジョセフ・ピューリッツァーが航空の振興のために開催した1920年の「ピューリッツァー・トロフィー」航空レースだった。最初の参加機はほとんどが軍用機で，レースもアメリカ陸海軍の飛行機自慢みたいになっていった。軍がレーサーを開発させたりしたのだ。

1925年の優勝機，サイラス・ベッティス中尉のカーチスR3C-1レーサー。同年のシュナイダー・トロフィーじゃ水上機型のR3C-2がジミー・ドゥーリトルの操縦で勝ってる。

1926年から「ナショナル・エアレース」と銘うつようになって，この年は海軍の本職の戦闘機ボーイングFB-3が優勝した。

軍が主力のレースだと，会場も軍の基地になって，一般観客には行きにくかった。そこでクリフォード・ヘンダーソンという人が，1928年にロサンゼルスで開催して大成功，さらに1929年からはオハイオ州クリーヴランドに移り，大陸横断レースの「ベンディックス・トロフィー」，周回コースの「トンプソン・トロフィー」，女性パイロットによる「パウダーパフ・ダービー」，スカイダイビングなども含む大イベントになった。世に言う「エアレースの黄金時代」だ。アメリア・イアハートやフランシス・"パンチョ"・バーンズも「ナショナル・エアレース」で名をあげたのだ。

1935年，ベンジャミン・ハワードとゴードン・イスラエルのベンディックス・トロフィー優勝機，ハワードDGA-6"ミスター・マリガン"。トンプソントロフィーでもハロルド・ニューマンの手で優勝。機体は白。

ジミー・ウェッデルのウェッデル・ウィリアムズ"44"。1932年のトンプソン・トロフィー2位。でも同型機がベンディックス・トロフィーで優勝してる。

1930年のトンプソン・トロフィーの勝者，"スピード"ホルムのレアード・ソリューション。胴体が黒で主翼は金色だった。あと尾翼も金色。

ご存知ジミー・ドゥーリトルのジービーR-1。1932年のトンプソン・トロフィーで圧勝！

第2次大戦でナショナル・エアレースは中断，1946年から再開された。主流は払い下げ戦闘機だったが，1949年のトンプソン・トロフィーで，ウィリアム・オドムのP-51C改造"ビギン"が民家に墜落，オドムと母子が死ぬという惨事が起き，以後行われなくなった。

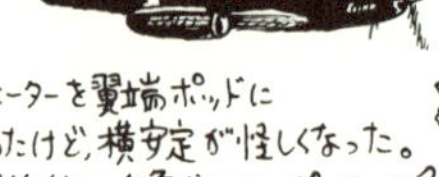

今日のリノ・エアレースは1964年から始まって，"ナショナル・チャンピオン・エアレース"と名乗る。かつてのエアレース黄金時代の栄光を今に伝える一あるいはそれをもしのぐ一イベントとして，つとに有名だ。

ホーカー・シーフューリー改造"スピリット・オブ・テキサス"のつもり。

ラジエーターを翼端ポッドに納めたけど，横安定が怪しくなった。黒い機体に，金色でコール・ポーターの名曲"Begin the Beguine"の楽譜を書いてた。（ダークグリーンに黄色だったとの資料もある。）

File No. 34

とうとう翼が折れた！

ミラー HM-1

MILLER HM-1

全幅：9.2m
全長：7.2m
総重量：893kg
エンジン：プラット&ホイットニーR-1535ツインワスプ・ジュニア
　　　　　空冷星型14気筒(750hp)×1基
最大速度：594km/h
上昇率：1,800m/分
武装(計画)：12.7mm機関銃×2門(翼内)
　　　　　　7.7mm機関銃(？)×1門(後席旋回式)
乗員：2名

ミラーHM-1。"タイム・フライズ"のナレノハテ…いや、生まれ変った姿。ひょっとしたらレースで活躍したかもしれないし、アメリカ軍はムリでも、どこか南米あたりの空軍に何機か買ってもらえたかもしれないけど、全ては見果てぬ夢と消えにけり…。

でも、そんなむなしさも、ジービー伝説の最後にはふさわしい…とでもいっときますか。

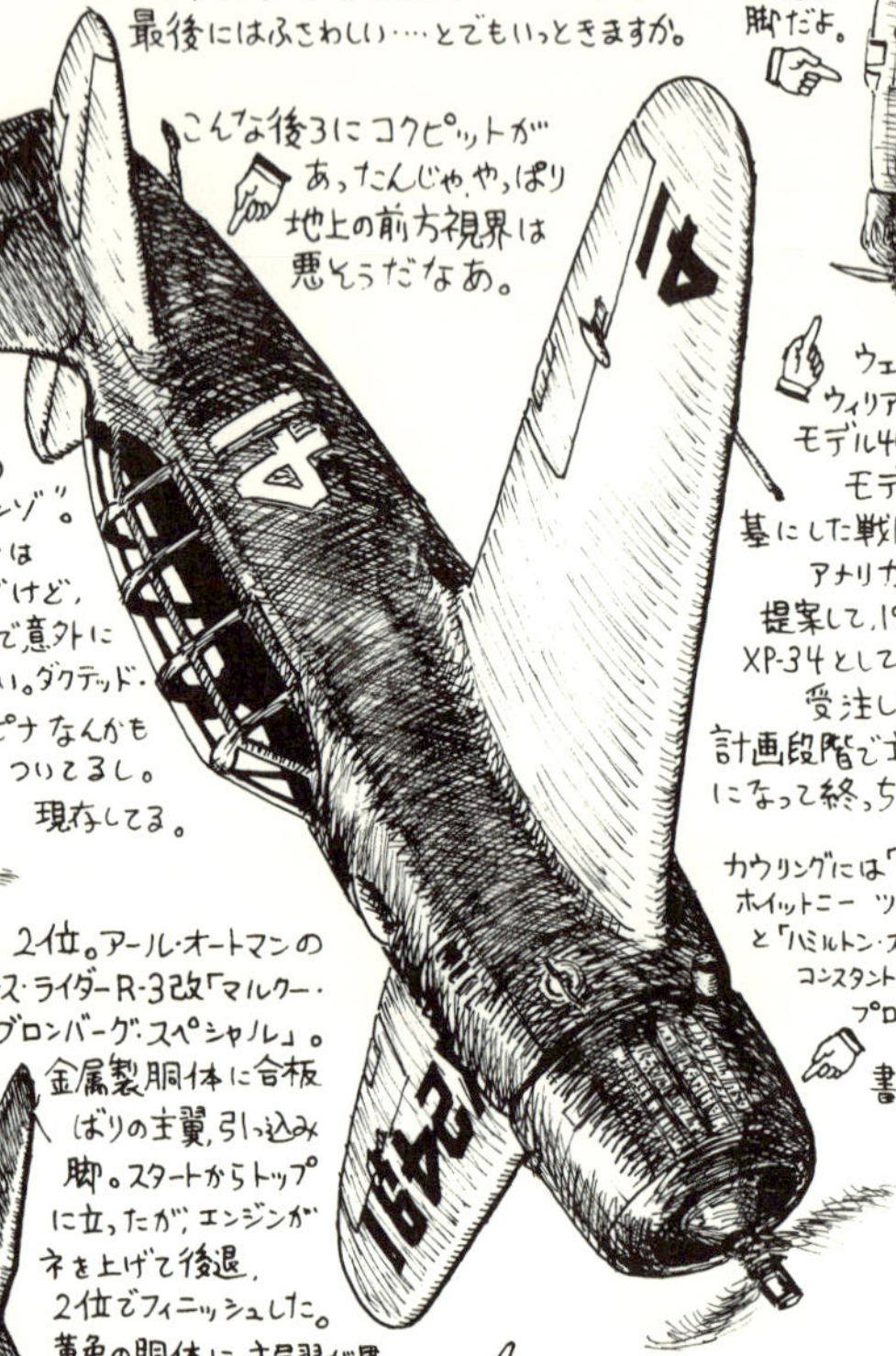

引っ込み脚だよ。

こんな後ろにコクピットがあったんじゃ、やっぱり地上の前方視界は悪そうだなあ。

ウェッデル・ウィリアムズはモデル44や、このモデル45を基にした戦闘機をアメリカ陸軍に提案して、1935年にXP-34として開発を受注した。でも計画段階で立ち消えになって終っちゃった。

カウリングには「プラット&ホイットニー ツイン・ワスプ」と「ハミルトン・スタンダード・コンスタント・スピード・プロペラ」と白文字で書いてある。

登録記号はNX2491に変った。「41」はトンプソン・トロフィーの機番。

3位。スティーヴ・ウィットマンのウィットマンD-12"ボンゾ"。(NR13688)。カタチはヘンだけど、これで意外に速い。ダクテッド・スピナなんかもついてるし。現存してる。

赤でエンジンまわりがベアメタル。

2位。アール・オートマンのキース・ライダーR-3改「マルクー・ブロンバーグ・スペシャル」。金属製胴体に合板ばりの主翼、引っ込み脚。スタートからトップに立ったが、エンジンがネを上げて後退、2位でフィニッシュした。黄色の胴体に、主尾翼が黒。これも現存してる。

登録記号はNX14215。

1938年トンプソン・トロフィーのウィナー、名物男ロスコー・ターナーのレアード・ターナーLTR-14ミーティア"ペスコ・スペシャル"(NX263Y)。1937年の初出場のときはスパッツなしで3位だったけど、1939年にも優勝、ロスコー・ターナーは連勝をかざった。この機体も現存してるし、レプリカも飛んでる。全面銀色。

5位にはウェッデル・ウィリアムス44が入って、6位にはジョー・ジェイコブソンのキース・ライダーR-6"エイトボール"(NX-96Y)が入った。小さい機体なのにちゃんと引っ込み脚。機体は水色で文字とかは黒。エンジンはメナスコ・バッカニア400hp。キース・ライダーの設計はシャープでかっこいいぞ。

胴体の「エイトボール」はこんな感じ。

ジービーの設計者、ハウェル・ミラーが精魂こめて作ったのに、ジービー伝統の運の無さと、パイロットの飛行家フランク・ホークスの（おそらく）操縦ミスと幻滅のせいで、「タイム・フライズ」はレースにも記録飛行にも挑戦せずに、せっかくの性能を発揮しないまんま、ただの残念な飛行機になってしまった。

すっかりやる気を無くして飛行機レースや速度記録から引退したホークスは、お金が足りなくなってきたので、主翼の桁と脚を折ったまんま納屋にしまいっぱなしの「タイム・フライズ」を売っぱらうことにした。

それを買い取ったのが、リー・ウェイドという人だった。ウェイドは元陸軍パイロットで、ダグラス・ワールドクルーザーでの世界一周飛行にも参加した人だ。ウェイドは「タイム・フライズ」を基に軍用機を作って、南米とか中国あたり、さらにあわよくばアメリカ軍に軍用機として売り込んでみようと目論んだ。

「タイム・フライズ」は設計・製造元のミラーのところで折れた翼桁と脚を修理して、機体はさっさと軍用型に作り変えられた。埋め込み式のコクピットはレーサーならともかく、実用機じゃどうにも不都合なんで、普通の操縦席とキャノピーが設けられた。一応、軍用機として戦闘機とか偵察機とか攻撃機とか多用途に使えるように複座として、複操縦装置も付けられた。

元が元だけにコクピットは後ろ寄りだったけど、それでも複座にすると場所が足りなくなるんで、燃料タンクをちょっと小さくした。「タイム・フライズ」はベンディックストロフィー大陸横断レースみたいな長距離レースとかも考えてたんで、燃料搭載量が多めだったんだろう。

それと軍用機にするんで、主翼に12・7㎜機銃２門を入れる場所を作って、コクピットの後席にも旋回機銃を付ける用意をしておいた。エンジンはツインワスプが使えなくなって、ちょっとパワーが落ちるけど、900hpのツインワスプ・ジュニアにした。

こうしてかつての「タイム・フライズ」はミラーHM-1となった。名前については「ホークス・ミリタリー・レーサーHM-1」だったという説もある。機体の塗装も「タイム・フライズ」の白一色から、ダークブルーの胴体と金色の主翼・水平尾翼に改められた。カラーリングにも異説があって、人によっては胴体は黒で、主翼・尾翼は黄色だったと記憶してるそうだ。

HM-1は1938年8月23日、奇しくもフランク・ホークスがグウィン・エアカー試作自家用機で離陸事故を起こして死んだ日に、リー・ウェイドの手で初飛行した。ここでまたジービーにつきまとう不運がぶり返して、着陸の時にエンジン後方防火バルクヘッドのアスベストの欠片が落ちて脚の引き込み機構にはさまって、脚が下りなくなったが、ウェイドはなんとか脚を出して着陸した。この後もう1回テストして、HM-1はオハイオ州クリーヴランドに向かった。目指すはナショナルエアレースの周回レース、トンプソントロフィーだ。

レースでは本当は燃費を考えてエンジンのキャブレターを調整する必要があったんだが、ウェイドには時間が足りなかった。そこで序盤は燃料を節約して、終盤に全力を出す作戦を立てたが、レースが始まってみると、やっぱり燃費が大きすぎた。スパートどころか、ウェイドは4位に入るのが精いっぱい、それでも着陸と同時に燃料切れでエンジンが止まってしまった。

ウェイドは悔しかったが、レース後にライト・パターソン基地で当時の陸軍航空隊の新鋭戦闘機セヴァスキーＰ－35やカーチスＰ－36と比較テストをやった。ＨＭ－1はどちらよりもずっと速かったが、陸軍は今さら木製構造の機体には興味を示してくれなかった。

ウェイドはレースパイロットのアール・オートマンを雇って、ＨＭ－1の性能テストをやることにした。外国への売り込みにはデータを揃えておかなくちゃならないもんな。コネチカット州で行われたテストじゃ速度はＰ－35より130㎞／ｈも速い594㎞／ｈも出たし、上昇率はＰ－35の約3倍の1800ｍ／分。ＨＭ－1はやればできる飛行機だったのだ。

続いてエンジンのパワー設定と上昇力との関係を測るテストに入った。高度3300ｍへの上昇と300ｍへの降下を繰り返すから、結構燃料が要るんで、ＨＭ－1は後席部分にタンクを増設した。テストは順調に進んだが、使った燃料は主タンクのもので、後席の増設タンクの燃料は手つかずのままだった。つまり重心位置は知らず知らず後ろにずれていってたのだ。

最後の降下のとき、ＨＭ－1は684㎞／ｈに達したが、その直後、機体は操縦不能になった。ＨＭ－1は空中ででんぐり返り、荷重に耐えきれずに主翼がもぎ取られた。オートマンはすんでのところで脱出、無事だったが、機体はそのまま地面に突っ込んで破壊された。

かくして「タイム・フライズ」とＨＭ－1は、ジービーの不運を引きずって消えてしまった。ＨＭ－1はレーサーとしてはともかく、軍用機としては木製機っていう点で実はすでに将来性は無かったんだな。ハウェル・ミラーはその後も飛行機の設計を続けたが、プラット＆ホイットニー社に移って、エンジンの研究に携わったそうだ。

イラストで見る航空用語の基礎知識 basic knowledge ☞ セヴァスキー

セヴァスキーっていうのは帝政ロシアの戦闘機パイロットだったアレクサンダー・デ・セヴァスキーが、革命でアメリカに亡命して、1931年に作った会社。主任設計者のアレクサンダー・カートヴェリが優秀で、自主開発の複座戦闘機SEV-2XPを基にした単座型AP-1がアメリカ陸軍にP-35として採用された。

第17追撃飛行隊のP-35A。後のイタリアのレッジアーネRe2000はこれに影響されてる。

そのAP-1/P-35を基にしたセヴァスキーAP-4は女性パイロット、ジャクリーヌ・コクランの操縦で、1938年のベンディックス・トロフィーに優勝した。翌1939年にも、フランク・フラーのAP-4が勝っている。

セヴァスキー複座戦闘機は外国に売れた。日本海軍は「セヴァスキー陸上複座戦闘機(A8V1)として20機(25機?)を輸入、中国でちょっと使った。

スウェーデンも複座戦闘機52機を発注そのうちの50機をアメリカ陸軍が買い上げ、高等練習機AT-12ガーズマンにした。

実はセヴァスキーの第1作はSEV-3といって、1933年に初飛行してる。3座で陸上機と水陸両用機に転換できる。水陸両用機の速度記録を作ったこともある。

銅色に塗られてたそうな。

練習機や複座戦闘機になる多用途機を狙ったX-BT。外翼は用途に応じて長いのと短いのを交換できるようになってた。

セヴァスキーは会社の経営より自分で飛ぶ方が好きだったし、日本に戦闘機を売っちゃったもんで軍からは嫌われてた。1939年、会社が危くなった時、重役陣はセヴァスキーが外国に行ってるスキに会社を改組、セヴァスキーを追い出してカートヴェリを社長に据え、社名も「リパブリック」に改めちゃった。セヴァスキーはジタバタせずに、その後も技術コンサルタントとして活躍し続けた。

固定脚の中等練習機BT-8。30機がアメリカ陸軍に採用された。アレクサンダー・カートヴェリがP-47を設計するのは、もうちょっと後の話。

File No. 特別編

駄っ作機は 夜空にきらめく星の数ほど無限にある

ダメ飛行機の諸相

本稿は模型情報誌・月刊『モデルグラフィックス』誌上における連載100回目突破記念企画として書かれたもので（本巻掲載にあたり一部改稿）、2003年10月号に掲載されたものです。

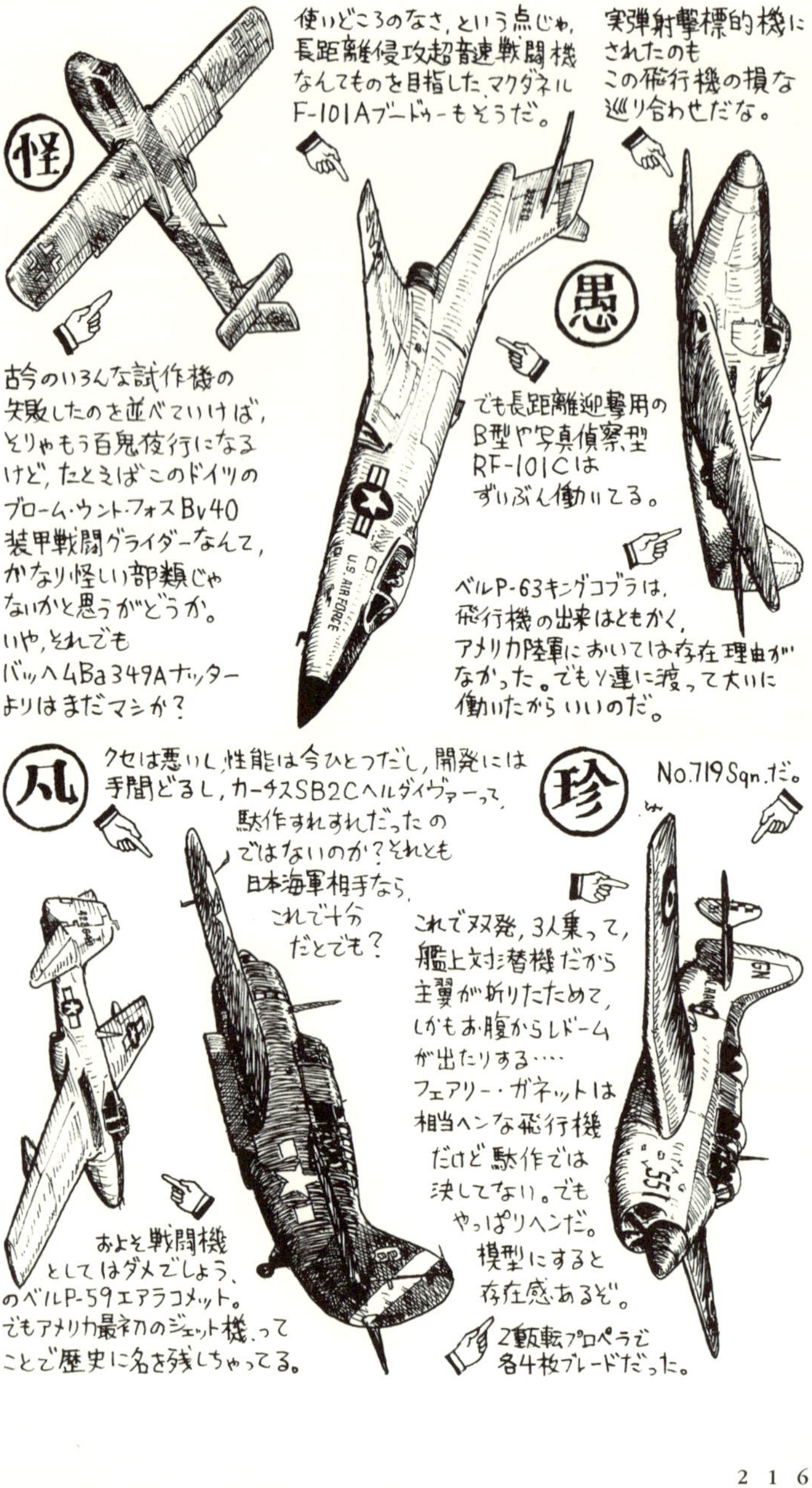

怪
古今のいろんな試作機の失敗したのを並べていけば、そりゃもう百鬼夜行になるけど、たとえばこのドイツのブローム・ウント・フォスBv40装甲戦闘グライダーなんて、かなり怪しい部類じゃないかと思うがどうか。いや、それでもバッヘムBa349Aナッターよりはまだマシか？
使いどころのなさ、という点じゃ、長距離侵攻超音速戦闘機なんてものを目指した、マクダネルF-101Aブードゥーもそうだ。
愚
でも長距離迎撃用のB型や写真偵察型RF-101Cはずいぶん働いてる。
U.S. AIR FORCE
実弾射撃標的機にされたのもこの飛行機の損な巡り合わせだな。

ベルP-63キングコブラは、飛行機の出来はともかく、アメリカ陸軍においては存在理由がなかった。でもソ連に渡って大いに働いたからいいのだ。

凡
クセは悪いし、性能は今ひとつだし、開発には手間どるし、カーチスSB2Cヘルダイヴァーって、駄作すれすれだったのではないのか？それとも日本海軍相手なら、これで十分だとでも？

およそ戦闘機としてはダメでしょう、のベルP-59エアラコメット。でもアメリカ最初のジェット機、ってことで歴史に名を残しちゃってる。

珍
No.719 Sqn.だ。

これで双発、3人乗って、艦上対潜機だから主翼が折りたためて、しかもお腹からレドームが出たりする‥‥フェアリー・ガネットは相当ヘンな飛行機だけど駄作では決してない。でもやっぱりヘンだ。模型にすると存在感あるぞ。

2重反転プロペラで各4枚ブレードだった。

おかげさまで『世界の駄っ作機』も連載100回を越え、そして単行本第4巻の刊行を迎えることができました。読者のみなさん、ありがとうございます。

これまでのダメ飛行機をつらつらと思い浮かべてみると、もちろん筆者の好みとか前後の按配とかから機種を選択してる部分もあるんだが、時代的には1930年代の複葉機から単葉機への移行期や第2次世界大戦後のレシプロからジェットへの移行期が多いみたいだ。古いテクノロジーの行き詰まりを打破したくて悪あがきしたり、よくわかんないくせに新しいテクノロジーの出現で舞い上がったり、そうかと思うと新しい展望に挑みきれなくて縮こまったり、飛行機の運命をつまづかせる石ころがたくさん降ってきた時代だったんだろう。

それ以外の時代というと、ジェット機時代になると飛行機の開発費も高くなって、思い付きや思い上がりですぐ試作に走るわけにもいかなくなって、ダメ飛行機が現れる可能性が低くなっちゃう。みなさん大好き（ワタシも好き）ＹＦ−23やＸ−32にしたって、競合相手が上手だったんで試作に終ったわけで、決してダメ飛行機だと判明したからじゃない。ひょっとすると人間が飛行機で失敗できる時代は1960年代あたりが最後だったのかもしれないな。まあ、21世紀に実戦配備されつつある戦闘機でも、大きなミサイルを4発吊るすと主翼がもたないくせに、原型機の4〜5倍の値段だとかいうヘンなのもあるらしいぞ。いや、どこの国の何ていう支援戦闘機かよく知らないけど。

もちろん第1次世界大戦の前半あたりまでは、飛行機の定型自体が固まってなかったから、それはもうどうしようもない「飛行機を名乗るもの」がたくさんあった。でも作る当人だって飛行機とはどんなもんか半ば手探りだったし、エンジンとかの周辺（いや基礎か）技術だって未熟だったんだから、それらをいちいち駄作機と呼んでいたらキリが無い。それを言ったら、ライト兄弟以前のいろんな飛行機械はみんな駄作機だもんな。飛ぶのに失敗してるわけだし。

ダメ飛行機の〝ダメ性〟にも、いろんな種類があるみたいだ。とにかく飛行機としてヘンなもの＝「珍」、設計がヘタでうまく飛ばない・使えないもの＝「凡」、そもそも基本的な構想が間違ってて役に立たないもの＝「愚」、それ以外のワケのわかんないもの＝「怪」、といった具合だ。

その中の珍作ダメ飛行機というと、フランスのSO1000ナルヴァル試作艦上攻撃機がそうだ。連載第100回（本巻収録、№12）のSE100双発戦闘機も入るな。ダメな設計の凡作はイギリスのブラックバーン・ボウタ雷撃機やブラックバーンF7／30戦闘機がその例になるだろう。無駄なものを作ったという愚作なら、動力銃座付き複座戦闘機のボールトンポール・デファイアントやブラックバーン・ロックだ。日本にだって「紫雲」があるぞ。なんでそんな飛行機ができたか理解できない怪作は稀で、カペリスXC–12旅客機は珍・凡・愚・怪の全部に当てはまるかも。

こうして見ると、駄作機の主流は凡作機と愚作機で、イギリス製ダメ飛行機に多いようだ。ウェストランド・ウェルキン高高度戦闘機は「愚」の部類だし、サロー・ラーウィック飛行艇なら「凡」だ。それに比べると「珍」な駄作機はフランスに多く産出するようで、複葉引っ込み脚でV型尾翼のブレリオ・スパッド710もそうだ。アメリカはなにしろ飛行機の数が多いから、どんなダメ飛行機でもそろってる。ソ連機ではここまで主に凡作と愚作を採り上げてきたけど、『世界の駄っ作機』第3巻には珍作や怪作の例を書き下ろしたんで、買って読んでくださいね。イタリアの凡作機は正道の踏み外し方がイギリス製凡作機よりも激烈だ。サヴォイア・マルケッティSM85急降下爆撃機なんてどうよ！　イギリス機の地道なダメさも面白いんだけどな。

出番が回ってきたときには時代遅れで、結果的に役に立たなかった飛行機も、セヴァスキーP-35の例があるけど、それまでダメ飛行機にするのは公平じゃない気がする。そうかと思えば、一式陸攻なんかは飛行機としては上出来でも兵器としてはかなり問題があるんだけど、それも駄作とは言い切れない。一式戦「隼」の初期の武装は時代を完全に読み誤ってると思うが、あれで緒戦を勝っちゃってるし。ここまで書いて急に思いついたんだが、例えばドイツのMe163はひょっとして珍作の部類に入らないか？　そうは言っても唯一の実用ロケット戦闘機として歴史に残ってるからなあ。

昔『航空史を作った名機100』っていう本があって、何度も読み返した覚えがある。かのシオドア・スタージョンが「SFの99%はゴミである。いや、心配するな、世の中のものの99%はゴミなんだから」と言ったそうだが、その計算だと、名機が100機あればダメ飛行機は9900機あることになる。連載100回ではその1.1%ぐらいしか書いてないわけだ。まだ書きたい駄作機はいくつもあるし、「この飛行機はこんなにダメだったのか！」「これほどダメな飛行機があったのか！」という発見もあるに違いない。筆者は疲れても懲りてもいないんで、読者のみなさん、これからもよろしくね。

駄作っていうか残念？

第1次大戦のころって、こんな飛行機がすぐに出来ちゃう。もう、見た瞬間にダメそうだもんな。1917年のフランスのド・ブリュイエールC1。水冷エンジンを胴体中央に置いて、延長軸で尾部のプロペラを回す。初飛行で着陸するとき（あ、飛んだんだ！）、機首からつんのめって、でんぐりがえって裏返しになってそれっきり。

小国がなけなしの航空技術を結集した飛行機が、強大な先進国の新鋭機に比べて時代遅れだったとしても、駄作機呼ばわりはできませんわ。

たとえばポーランドのP23カラス爆撃機。もちろんBf109の餌食になって、対空砲火にもさんざんやられたけど、ポーランドの敗北まで、必死に戦いつづけた。“悲運の名機”って、「流星」やDo335だけなのかしら？

ラトヴィアが1940年に作ったVEFI-16戦闘機も、当時の戦闘機としちゃ異色な存在だけど、だからってダメ飛行機じゃないもんな。

そうかと思うと、1944年のアメリカのビーチXA-38グリズリー攻撃機みたいに、かなり良さそうな飛行機だったのに、試作だけで終っちゃったのもある。こういうのは「世界の駄っ作機」のカテゴリーにはまらないから、どうしたらいいんでしょう？「世界の試っ作機」とか書かなきゃならないのかもしれない。

主武装は75mm砲だったりする。

あとがき

読者の皆様、大変長らくお待たせいたしました。とうとう『世界の駄っ作機４』をお届けできました。吉例により、非公式名称はB.Mk.Ⅳです。つまり非武装の爆撃機型。Mk.Ⅳですもんね。

第３巻からすでに５年半、この第４巻収録分の中に、連載１００回目も、連載10年目も含まれている。それまでに１機種で２回連載というのもいくつかあったから、当然１００機種目も入っているわけだ。

これだけ長く、これだけたくさんのダメ飛行機を書き続けてこられたのも、暖かく、心広くお読みくださっている読者の皆様のおかげに他ならない。著者の偽らざる気持ちとして申し上げるが、ご愛読、本当に有難うございます。

すでに連載は13年以上続いていて、おそらくこの第４巻で初めて『世界の駄っ作機』を目にされる方もいらっしゃるのではないだろうか。そうなんです。こういうバカらしい本です。著者は別に航空機の失敗例を分析するなどという大それたことは全く意図してませんし、ましてや失敗を技術的に解析するなんて、文系クサレ外道の著者にはおよそムリなんで、ただただ「へー、そんな飛行機あったんだ、面白いね」と楽しんでいただくことを願うばかり。真面目に各機の開発と特徴を記述した本をご期待になった方には、ひらにご勘弁を、と申し上げるしかない。

そもそも「駄作機」でなく「駄っ作機」とわざわざ小さい〝っ〟が入ってるところからして、かの歴史ある名シリーズ、文林堂の『世界の傑作機』との語呂合わせだ。パロディというよりはオマージュのつもりではあるが、扱っている機種はひょっとしたら本シリーズの方が多くなったかもしれない。

表紙の英語、INFAMOUS AIRPLANES OF THE WORLDというのも、もちろん『世界の傑作機 FAMOUS AIRPLANES OF THE WORLD』の反対のつもりで、アタマにINをつけた。「ダメな飛行機」の訳がINFAMOUS AIRPLANESでいいのか、という問題はあるが、そこも語呂合わせ、いやむしろ字面合わせのようなものなので、ご了承いただきたい。

そして『世界の傑作機』で、毎回名機のダイナミックかつ迫力あるモノクロのカバー絵をお描きになっている佐竹政夫さんに、今回も本書のカバーもお描きいただいた。こっちはカラーだぞ。見てください、カーチス・アセンダーもこうなるとカッコいいでしょ！ ベアメタルの機体にアメリカ西部の青い空が色濃く映り込んで、とてもダメ飛行機とは思えない。本当は佐竹さんにカッコいいところを描いていただきたいダメ飛行機は他にもいろいろあるんで、カバーは1機種しか描けないところが悔しいくらいだ。それには早く第5巻、第6巻と続けるしかないのだろう。頑張らなくちゃ。

この第4巻では、漫画家の小沢さとるさんに序文をお寄せいただいた。小沢さとるさんは潜水艦漫画『サブマリン707』、『青の6号』の作者だ。筆者は小学生〜中学生時代にこの両作品を読み狂ったせいで、こうなってしまったようなものだ。

今でもフジテレビの取材でアメリカ海軍の原潜の艦内に入ったときなど、『サブマリン707』や『青の6号』の画面やセリフが頭の中で渦巻いてしまいそうになる。その作者の小沢さとるさんに、序文をお引き受けいただけるとは、筆者にとっては光栄の至り、小沢漫画の愛読者としては誠に幸せの限りだ。しかも筆者の幼少期の住まいを小沢さとるさんがご存知だったとは！

小沢さとるさんの描く飛行機がまた素晴らしい。『黄色い零戦』という作品もあるが、『サブマリン707』や『青の6号』にも飛行機がいろいろ出てくるし、短編『デッドライン』には零戦との格闘戦で勝つことに執念を燃やすアメリカ海軍パイロットの物語があって、そこにはF4FやF4U（バードケイジ！）が出てきて、それはカッコいい。特に空冷星型エンジンのカウリングの丸み！　いつかはこんな風に描けるようになりたい、と思いながら毎月ダメ飛行機を描いているのだが、まだまだ道は遠い。

本書には模型情報誌月刊『モデルグラフィックス』連載分だけでなく、連載100回目記念の特別編として書いた、ダメ飛行機の諸相の文章も掲載した。あの時は、良く100回も続いたものだと思ったのだが、今やそれも遠い昔になってしまった。連載は160回を越えて、読者の皆様のお許しがあれば200回も不可能ではないような気がしている。それを思うと、いかに人間の作った飛行機にはダメなのが多かったか、と感心せざるをえない。

単行本には特別に書き下ろし編を加えるのが習わしになっている。単行本化にあたっては連載時の掲載順とは違っているが、本書の末尾は1930年代のアメリカのダメレーサー、ホール・ブルドッグになった。それに続く書き下ろしでは、ブルドッグが目の敵にしたジービーの血筋を引く「タイム・フライズ」というダメレーサーと、そのなれの果てHM-1の2篇を採り上げた。異色レーサー・ジービーの周辺を巡るこの3機種が並ぶと、なんとなく当時のアメリカの飛行機レース黄金時代がぼんやりとでも見えてくる……かなあ？

それやこれや、とにかく皆様、第3巻の刊行から5年半もの長い間、お待たせしてしまって、本当にごめんなさい。せめてもの償いに、ここで一つお知らせを。実は第5巻も刊行準備進行中です。今度はあまりお待たせせずにお届けできるかも。どうぞご期待を。

2009年3月　岡部いさく

IN Famous Airplanes of The World IV. ver.B.Mk.IV
Written by Dasaku OKABE

岡部だざく（おかべ・だざく）
駄作家。本名は岡部いさく。1954年生まれ。学習院大学文学部卒。月刊『エアワールド』編集部、月刊『シーパワー』編集長を経てフリーとなる。著書に『世界の駄っ作機』、『世界の駄っ作機2』、『世界の駄っ作機3』、『蛇の目の花園』（いずれも大日本絵画刊）、『クルマが先か、ヒコーキが先か？ Mk.Ⅰ～Ⅲ』（二玄社刊）、『日本着弾』（共著、扶桑社刊）。訳書に『パンツァーズ・イン・ノルマンディ』、『バルジの戦い』、『ドイツ空軍の終焉』（いずれも大日本絵画刊）、『633爆撃隊』（光人社刊）など。『モデルグラフィックス』、『スケールアヴィエーション』、『NAVI』、『F1グランプリ特集』などにコラムを連載。ウェブサイト『日経Bizプラス』にコラム『岡部いさくのコマンドポスト』を連載。時としてフジテレビのニュース番組で軍事関係の解説を行う。猫は1匹。

世界の駄っ作機4

発行日 2009年6月15日 初版第1刷

著者 岡部だざく

発行人 小川光二

発行所 株式会社大日本絵画
〒101-0054 東京都千代田区神田錦町1丁目7番地
電話／03-3294-7861（代表）
http://www.kaiga.co.jp

編集 株式会社アートボックス
〒101-0054 東京都千代田区神田錦町1丁目7番地4F
電話／03-6820-7000（代表）
http://www.modelkasten.com/

装幀・割付 井上則人デザイン事務所

印刷・製本 大日本印刷株式会社

ISBN978-4-499-22990-6 C0076

※定価はカバーに表示してあります